現役お父さんエンジニアが教える！

小中学生と作る電子工作

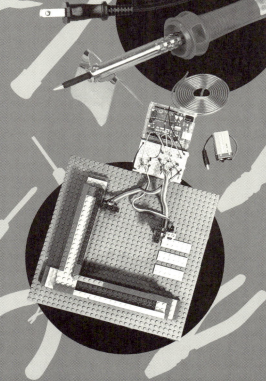

はじめに

　はじめまして、筆者のせでぃあと申します。
　この本を手に取ってくださり、ありがとうございます。

　私は一般企業で電気・機械設計スキルを持つ二刀流エンジニアとして働く、二児の父です。
　2022年から「せでぃあブログちゃんねる (https://www.youtube.com/@cediablog)」というYouTubeチャンネルを運営し、電子工作に興味がある方に向けた解説動画を配信しています。

　スーパーのセルフレジなど、デジタル技術が急成長していることを目の当たりにすることが増え、将来に向けて子どもたちには技術力や創造力に磨きをかけてほしいと思うようになりました。
　電子工作はその創造力を育むのに最適な「おもちゃ」だと思います。

　本書では、初めて親子で電子工作に挑戦する方でもつまずかずに楽しめるよう、基本的な始め方から注意点まで丁寧に説明しています。

　私が実際に夏休みの自由研究テーマとして親子で取り組んだ「じゃんけん装置」や「信号機」を題材に、電子工作の楽しさをお伝えできたら幸いです。
　親子の絆を深めつつ、楽しみながら学べる電子工作の世界を、ぜひあなたも体験してみてください。

> ※本書ではArduino UNO R3の互換品であるELEGOO UNO R3を使用していますが、純正品同様に本書記載の手順で配線・プログラム動作が可能です。
> また、Arduinoとの配線説明図などには「fritzing (https://fritzing.org/)」を使用しています。

せでぃあ

小中学生と作る電子工作
CONTENTS

はじめに ……………………………………………………………………………… 3
「サンプル・プログラム」について ………………………………………………… 6

第1部　電子工作をはじめる前に

[第1章]　電子工作用に準備すべき工具と注意点 ………………………… 8
電子工作には工具は必要？/小学生向け工具の選び方/
最低限そろえておきたい工具/もっていると便利な工具/
工具を使うときの注意事項/
小学生向けの工具選びは「安全」「かんたん」を優先しよう

[第2章]　Arduinoの使い方 …………………………………………………… 23
Arduinoについて/Arduino IDE 2.3のインストール方法/
日本語化する方法/Arduino IDE 2.3の使い方/
新機能「オートコンプリート機能」の使い方/
Arduino Uno R4が発売されて楽しさ無限大！

[第3章]　mBlock5の機能 ……………………………………………………… 38
mBlockとは？/ビジュアルプログラミングができる/mBlockのインストール方法/Scrattino3と比較したメリットデメリット

[第4章]　mBlock5の使い方 …………………………………………………… 49
mBlockの基本的な使い方/Arduinoとの通信モードについて/
mBlockを使ったArduinoプログラミング

第2部　実際に作ってみる

[第5章]　「じゃんけん装置」を作ってみよう …………………………………… 66
装置の説明/じゃんけん装置完成までの流れ/装置の構成/
必要な工具/必要な材料/組み立て/電気配線/動作確認/
じゃんけん装置はプログラミングを使わない電子工作を作りたい方にお勧め

[第6章]　Arduinoで作る「信号機」 …………………………………………… 83
信号機ってどんな装置/作り方/工具と材料の準備/組み立て/
電気配線/プログラミング/動作確認/完成！

[第7章]　ビジュアルプログラミングを使った信号機制御プログラムの作り方 …… 107
電子工作「信号機」とは/設計方法/
プログラミング方法(Arduino IDE)/プログラミング方法(mBlock)

[付録] Arduino専用ブロックの使い方 ……………………………………………… 124
索引 ………………………………………………………………………………………… 141

「サンプル・プログラム」について

本書のリスト6-6-1およびリスト7-3-1の「サンプル・プログラム」は、以下のページからダウンロードできます。

＜工学社ホームページ＞

http://www.kohgakusha.co.jp/suppor_u.html

ダウンロードしたファイルを解凍するには、下記のパスワードが必要です。

wMTGJKX2

すべて半角で、大文字小文字を間違えないように入力してください。

●各製品名は、一般的に各社の登録商標または商標ですが、®およびTMは省略しています
●本書はLEGO®／レゴ®の商標所有者であるレゴグループの承認・許可・スポンサー契約を得て作成しているものではありません。本書で紹介しているレゴブロックの使用方法はレゴグループ公式の見解等を表わすものではありません。
●本書に掲載しているサービスや製品の情報は執筆時点のものです。今後、価格や利用の可否が変更される可能性もあります。

第1部
電子工作をはじめる前に

　第1部では、電子工作に使う工具と使うときの注意点、作品を動かすために必要なマイコン「Arduino」や、その使い方など、実際に電子工作をはじめる前に知っておいたほうがいい事柄について解説します。

　このセクションをよく読んで、お子様と一緒に安全かつ楽しく電子工作をするための準備を整えましょう。

CONTENTS

第1章	電子工作用に準備すべき工具と注意点	8
第2章	Arduinoの使い方	23
第3章	mBlock5の機能	38
第4章	mBlock5の使い方	49

第1章　電子工作用に準備すべき工具と注意点

　本章では、電子工作にはじめてチャレンジする小学生に向けた、準備しておくべきお勧め工具を紹介します。
　工具の種類もさまざまですが、「最低限そろえておきたい工具」と「あると便利な工具」について紹介します。

筆者	せでぃあ
サイト名	電気屋ときどき何でも屋
URL	https://cediablog.com/osusume-kougu/
記事名	小学生の夏休み自由研究に！電子工作用に準備すべきおすすめ工具6選

1-1　電子工作には工具は必要？

　「電子工作に工具が絶対に必要か？」と言われたら、そうでもありません。レゴブロックのように、工具なしで組み立て可能な工作方法も存在します。

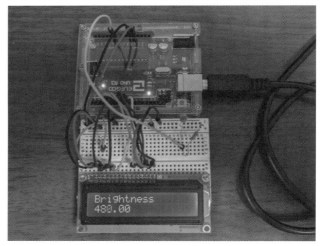

図1-1-1　Arduinoなら工具レスで配線が可能です

　また、**Arduino**※ならジャンパーピンを差し込むだけで電気配線が可能です。
　図1-1-1の写真のような「むき出しスタイル」で良ければ、工具レスでの電子工作作りも可能です。

※電気機器を制御するためのコンピュータ。詳細は**第2章**で解説。

とはいえ、「工具なしで作れる工作」という縛りを入れてしまうと、製作可能な工作の幅を狭くしてしまいます。
　自分の作りたい工作を作るためには、最低限の工具はもっておくべきでしょう。

　たとえば、**図1-1-2**の写真は私が子どもと作ったじゃんけん装置ですが、木の板にリレーをネジ止めしています。

図1-1-2　筆者が子どもと作ったじゃんけん装置

　また、電気配線するために「ハンダ付け」や「電線カシメ」作業をしており、工具を使っています。

第 1 部 電子工作をはじめる前に

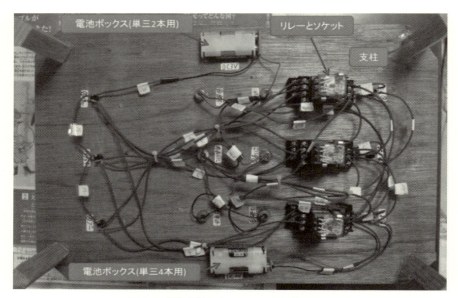

図1-1-3 電気配線をするときに工具を使っている

　工具が必要になったときに、工具がなくて困らないようにしておきたいですよね？
　高級な工具をもつ必要はありませんが、最低限の工具をもっておくことをお勧めします。

1-2　小学生向け工具の選び方

大人が使う工具であれば、コスパや使いやすさがポイントになります。

しかし小学生向けの工具選びの場合には、大人の工具選びの条件に加えて、いくつか気にしておくべきポイントがあります。

小学生向け工具の選び方
- 安全に使えるもの
- コンパクトなもの
- 使い道が分かりやすいもの

安全に使えるもの

子どもは好奇心が旺盛で、工具を使ってケガをした経験も少ないです。
ですので、**その工具が引き起こすケガのリスクを考えることなく、工具を使ってしまう**ことがあります。

なるべく、使わないときは工具の危険な部分を保護できる工具を使うことをお勧めします。

また、ニッパの刃先を保護する別売りキャップなどもあります。

図1-2-1　保護キャップが別売りされている工具もある
（写真はアイガーツールのニッパーキャップ）

コンパクトなもの

子どもの手は大人に比べて、小さいです。
そのため、手を大きく広げないと使えない**大型な工具は適しません**。

コンパクトなサイズで、**大きな力を必要としない**工具がお勧めです。

使い道が分かりやすいもの

はじめて使う工具は、**使い道が分かりやすいもの**がお勧めです。

また、準備する**工具の種類も少ないほうがいい**です。
たとえば絵を描くときに、色鉛筆の色の種類が100種類もあったら、どの色を使うべきか迷いますよね？

工具の時も同じです。
同じ目的を達成する工具を何種類も用意したり、ドライバのサイズ違いをたくさん準備するとどれを使ったらいいのか迷ってしまいます。

図1-2-2　種類や用途が複雑な工具はワクワクするが、小学生向け工具はシンプルイズベスト

まずは使い方がシンプルで、最低限の種類を準備しましょう。

1-3 　最低限そろえておきたい工具

　どれも電子工作を作るときに必ず使う工具というわけではありませんが、電子工作を作るときに必要になる可能性が高い工具をピックアップしました。

　電子工作以外でも使える、家庭で１つはもっておきたい工具でもあるので、工具選びの参考にしてみてください。

最低限そろえておきたい工具

- ・ドライバセット
- ・ニッパ
- ・電工ペンチ
- ・ハンダゴテ
- ・精密ドライバ
- ・六角レンチ
- ・ペンチ

　また、作りたい電子工作に必要な工具からそろえるのもいいでしょう。

ドライバセット

　ドライバセットには異なる種類のドライバ($\oplus$、$\ominus$)が入っています。

　また、さまざまなネジサイズに適応するための先端サイズが数種類ずつそろっています。

　電子工作での使用例としては、基板自体を固定したり、リレーなどの電子機器の取り付けなどに使います。

＊

　小学生向けで注意したいのが、**柄の太さ**です。

　太すぎても持ちにくいのですが、細いとネジ締めをする際に大きな力が必要になるため使いづらくなります。

　子どもでも握りやすい範囲で、柄の太いものを選ぶようにしてください。

　たとえば、**図1-3-1**のようなドライバセットは、収納しやすくて便利です。

第1部
電子工作をはじめる前に

[1-3] 最低限そろえておきたい工具　**13**

第1部 電子工作をはじめる前に

図1-3-1　柄が太く収納しやすいドライバセットがお勧め
（写真はE-Valueブランドの「ED-790」）

ニッパ

　ニッパは電線や余分な突起物を切断するために使う工具です。
　電子工作では、余分な電線を切断したり、抵抗などの足を適切な長さに調整するのに役立ちます。

＊

　子ども向けには、**小さな手でも握って開閉できる大きさ**のニッパをチョイスしてください。
　大きすぎると、片手で使うのが困難になるので注意しましょう。

図1-3-2　保護キャップが付いているニッパもある
（写真はベストツールの「WSN-100」）

14　第1章　電子工作用に準備すべき工具と注意点

電工ペンチ

電工ペンチは配線をカシメ※たり、配線の被覆を剥くことができる便利なペンチです。

※圧力で金属部品を変形させることで固定する方法

電線の被覆剥きは問題なくできると思いますが、小学生がカシメ工具として使うと、**力が足りずカシメが不充分になる可能性**があります。

その場合は、大人が作業をするか圧着工具の準備を検討してください（圧着工具については**本章[1-4]**を参照）。

図1-3-3　電工ペンチはカシメ作業や配線の被覆を剥くのに使える
（写真はエーモンの電工ペンチ）

ハンダゴテ

ハンダゴテは電子部品同士を接続するために使用される工具です。
ハンダを加熱して溶かし、部品同士を接合させます。

注意点としては、**ヤケドの危険がある**ということです。
ハンダを溶かすため、**ハンダゴテ先端部の温度は400度以上**にもなります。
危ないので、ハンダゴテを使うときは、必ず大人も作業に立ち会うようにしてください。

ハンダゴテの使い方は以下の通りです

① ハンダゴテを電源に接続し、適切な温度に加熱します。
② ハンダゴテの先に適量のハンダを溶かし、接続したい部品と電線を接触させて加熱します。
③ 部品がしっかりと接合したら、ハンダゴテを離してハンダ付け部を冷やして固定します。

図1-3-4　ハンダゴテは電子部品同士を接続する工具
（写真はSK11ブランドのハンダゴテセット「40W KF-40S」）

精密ドライバ

精密ドライバは小さなネジや繊細な部品に適した小型のドライバです。

Arduinoの基板保護用クリアカバーを取り付けるために、精密ドライバを使用します。

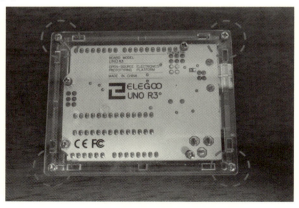

図1-3-5　クリアカバーを固定するために、精密ドライバが必要

精密ドライバは先端が細いので、**突き刺してケガをしないように注意**してください。

踏みつけてもケガをする可能性があるので、使ったらすぐに片付けましょう。

図1-3-6 精密ドライバは小さなネジや繊細な部品に適している
（写真は藤原産業の精密ドライバセット「EPS-510」）

ペンチは、さまざまな用途に使える汎用的な工具です。

電子工作では、部品をつまんで固定して使ったり、電線の被覆を剥いたりすることもできます。

ニッパやペンチは万能工具として重宝します。

図1-3-7 ペンチは汎用的な用途に使える
（写真はホーザンのペンチ「P-43-150」）

1-4 もっていると便利な工具

先ほど挙げた、最低限そろえておきたい工具があれば作業はできますが、もっているとさらに工作作業を楽にしてくれる工具もあります。ここでは、もっていると便利なお勧め工具を紹介します。

もっていると便利な工具
- ワイヤストリッパ
- 圧着工具
- テスタ

ワイヤストリッパ

ワイヤストリッパとは、配線接続するために電線の被覆を剥いて導通線をむき出しにする工具です。

ニッパを使って剥くこともできるのですが、力加減が難しくて導通線まで切断してしまうこともよくあります。

そんな悩みを解決してくれるのが、誰でも簡単に被覆が剥ける便利な工具、ワイヤストリッパです。
ワイヤストリッパを使うと、きれいに被覆が剥けます。

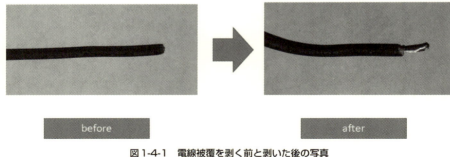

図1-4-1　電線被覆を剥く前と剥いた後の写真

圧着工具

圧着工具は、圧着端子と言われる押しつぶして配線をつなぐ端子をカシメるために使用します。

電工ペンチでもカシメることができますが、けっこうな力が必要なため小学生にはラチェット式の圧着工具がおすすめです。

圧着工具を選ぶときは子どもの小さな手で握れるようなコンパクトなタイプを選定してください。

図1-4-2　カシメ作業は圧着工具が便利
（写真はホーザンの圧着工具）

テスタ

テスタとは、電圧を測定したり配線がつながっているか確認したりするツールです。

テスタの便利な使い方

- 電池の残量を確認する
- 配線がつながっているか確認する

＊

作ったものの動作がうまくいかなかったとき、「電池がないのか」あるいは「配線が間違っているのか」を調べたくなります。

そんなとき、**テスタを使うことで問題の原因を調査**できます。

電気は目に見えないため、テスタは通電不具合発生時の確認作業で重宝します。

テスタはレンジ選択が不要な「オートレンジタイプ」がお勧めです。

図1-4-3　テスタは電池残量や配線が接続されているかを確認するのに使える
（写真はTESMENの「TM-510」）

1-5　工具を使うときの注意事項

電子工作はとても楽しいですが、注意してほしいことがあります。

工具を使うときの注意事項

- 本来の使い方と違う使い方をしない
- ケガをしないように注意しよう
- 重要な作業は大人の同伴が必要

本来の使い方と違う使い方をしない

ついつい、専用の工具を探すのが面倒になってやりがちなのが、この行為です。

たとえば、マイナスドライバを使って連結したレゴブロックを剥がそうとするような行為です。

上の例ではマイナスドライバが滑って、ドライバの先端が手に刺さりケガをする可能性があるため危険です。

本来の工具の使い道と違う使い方は、絶対にやめましょう。

ケガをして後悔してからでは、遅いです。

ケガをしないように注意しよう

とにかく**安全第一**で作業してください。

電子工作はとても楽しいですが、ヤケドや切り傷、突き刺しなどの危険がたくさんあります。

以下の作業は特に注意が必要です。

特に注意が必要な作業

- ・ハンダゴテを使った作業
- ・ニッパを使った作業
- ・ソケットへのピン挿入作業

作業する前に**どんなケガの可能性があるかを考えて、できる限りの対策をした上で作業**してください。

万が一のときに備えて、絆創膏も準備しておきましょう。

また、ヤケドしてしまったら、すぐに流水でしっかり冷やしてください。

重要な作業は大人の同伴が必要

ハンダゴテを使った作業は、ケガのリスクだけでなく火災事故につながる可能性もある作業です。

こういった**リスクが大きい作業は、必ず大人が同伴**してください。

作業自体はお子様に実施してもらってもOKですが、事前に注意事項についてよく話し合ってください。

ハンダゴテを使う前に理解しておくべきこと

- ・どこが高熱になるのか?
- ・どれくらい熱いのか?
- ・万が一ヤケドしたらどうするのか?

起こりうる危険な状態について、作業前に理解しておくことが大切です。

[1-5] 工具を使うときの注意事項　21

1-6　小学生向けの工具選びは「安全」「かんたん」を優先しよう

小学生向けの工具選びで最優先なのは「**安全に使えること**」です。

　子どもは危険知らずなところがあり、大人だったら危ないことが分かっている行為でも子どもでは予想できないことが多々あります。
　まずは大人が工具を使ってみて、子どもが安全に使えそうか確認してください。

　そして、危険を伴う作業をする場合は必ず立ち会ってあげてください。

第2章　Arduinoの使い方

　本章では、Arduinoプログラム開発環境ソフトウェア「Arduino IDE 2.3」のインストール方法と使い方を説明します。
　これから初めてArduinoプログラムを作ろうと考えている初心者の方に向けて、インストールからプログラム転送動作までを分かりやすく説明します。
　また、過去のソフトウェアバージョン「Arduino IDE 1.8」にはなかった新機能「オートコンプリート機能」についても紹介しています。

筆者	●せでぃあ
サイト名	●電気屋ときどき何でも屋
URL	●https://cediablog.com/arduinoide-install/
記事名	●Arduino IDE 2.3のインストール方法と使い方（日本語化）

2-1　Arduinoについて

　Arduinoとは初心者から扱うことができるマイコンで、**アルドゥイーノ**や**アルディーノ**と言われることもあります。

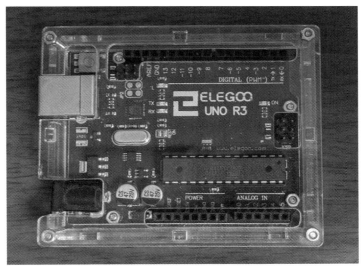

図2-1-1　ELEGOO社製　Arduino UNO R3（互換品）

　Arduino UNOシリーズはお手頃な価格とプログラミングが複雑でないことから、**RaspberryPi**（ラズパイ）シリーズと並んで人気の機種です。

できることの例として、押しボタン操作によるLED点灯や、モータなどの電子部品の動作をさせることができます。

その動作プログラムを作るための、開発環境ソフトウェアが「**Arduino IDE**」です。

*

Arduino UNOシリーズでいちばん人気なのが「**Arduino UNO R3**」ですが、今では最新のUNOシリーズである「**Arduino UNO R4 Minima**」や「**Arduino UNO R4 WiFi**」もラインナップされています。

2-2　Arduino IDE 2.3のインストール方法

ここからはArduinoのプログラム開発ソフトウェアである「**Arduino IDE 2.3**」のインストール方法を説明します。

WindowsOSへのインストール方法を例にしていますが、macOSにもインストールは可能です。

手順　Arduino IDE 2.3のインストール方法

1 Arduino公式ダウンロードサイトを開きます。

　パソコンのブラウザを開いて、Arduino公式ダウンロードサイトを開きます。

Arduino公式ダウンロードサイト
https://www.arduino.cc/en/software

図2-2-1　Arduino公式ダウンロードサイトを開く

2 パソコンのOSに合ったインストールファイルを選択しましょう。
　Windows OSのパソコンにインストールする場合は、[Win 10 and newer,64 bits]をクリックします。

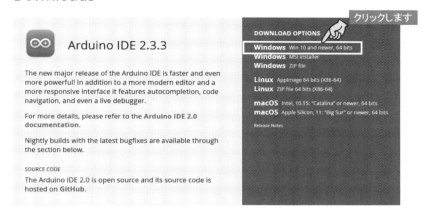

図2-2-2　パソコンのOSに合ったインストールファイルを選択

3 任意で寄付金額を選択してダウンロードボタンを押します。
　寄付しない(無料でダウンロードする)場合は、[JUST DOWNLOAD]をクリック。

図2-2-3　任意で寄付金額を選択してダウンロードボタンを押す

[2-2] Arduino IDE 2.3のインストール方法

4 ニュースレターを受け取るかどうかを選択します。
　受け取る場合は利用規約などを確認の上、チェックボックスにチェックを入れて[SUBSCRIBE & DOWNLOAD]をクリック。
　受け取らない場合は、[JUST DOWNLOAD]をクリックします。

図2-2-4　ニュースレターを受け取るかどうかを選択

5 インストールファイルのダウンロード完了画面が表示されたら、画面を閉じます。

図2-2-5　ダウンロードが完了した画面を閉じる

6 ダウンロードしたファイルをダブルクリックして、インストールを実行します。

図2-2-6 インストールファイルをダブルクリック

7 ライセンス条件を確認します。
確認したら[同意する]をクリックしましょう。

図2-2-7 ライセンス条件を確認の上、同意するをクリック

8 使用ユーザーを選択して[次へ]をクリックします。
私は自身のログインユーザー名でログインしたときしか開発ソフトウェアを使用しないので、現在のユーザーのみにインストールしました。
複数のログインユーザーで使用する場合は、[すべてのユーザー用にインストールする]を選択してください。

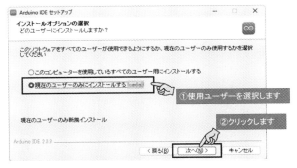

図2-2-8 使用ユーザーを選択して[次へ]をクリック

[2-2] Arduino IDE 2.3のインストール方法

9　インストールを実行します。
インストール先フォルダを選択して、インストールボタンをクリックしましょう。こだわりがなければ、初期選択状態のままインストール実行してください。

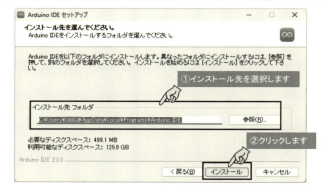

図2-2-9　インストール先フォルダを選択してインストールボタンをクリックします

10　インストールが開始されるので、完了するまでしばらく待ちます。

図2-2-10　インストールが開始される

11　インストールが完了したら、[Arduino IDEを実行する]にチェックが入っていることを確認し、[完了]をクリックします。

図2-2-11　[Arduino IDEを実行する]にチェックが入っていることを確認し、[完了]をクリック

12 使用するネットワークを選択して、アクセスを許可します。

使用するネットワークに応じてチェックを入れて、[アクセスを許可する]をクリックしましょう。

セキュリティ警告ウィンドウが表示されるので、使用するネットワークに応じてチェックを入れて、[アクセスを許可する]をクリックします。

自宅のWi-Fi環境で使用する場合は、プライベートネットワークを選択してください。

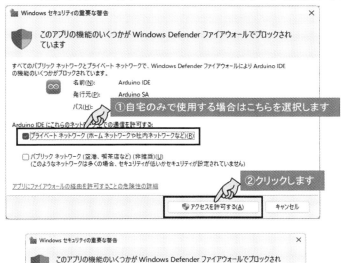

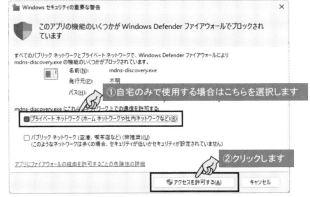

図2-2-12　何度かセキュリティ警告ウィンドウが表示されるので、
　　　　　使用するネットワークを選択してアクセスを許可

[2-2] Arduino IDE 2.3のインストール方法

13 インストールが完了して、Arduino IDE 2.3の画面が開きます。

図2-2-13　デスクトップにショートカットが表示される

```
sketch_nov8a | Arduino IDE 2.3.3
File Edit Sketch Tools Help

  Select Board

  sketch_nov8a.ino
   1  void setup() {
   2    // put your setup code here, to run once:
   3
   4  }
   5
   6  void loop() {
   7    // put your main code here, to run repeatedly:
   8
   9  }
  10
```

図2-2-14　Arduino IDE の起動画面

＊

Arduino IDE 2.3の画面が開いたら、インストール作業は完了です。

デスクトップにショートカットが作成されているので、次回からはここから起動できます。

2-3 日本語化する方法

めでたくインストールが完了しましたが、Arduino IDEの表示言語は英語のため機能が分かりにくいです。

図2-3-1　表示言語の初期設定は英語になっている

そこで、**表示言語の日本語化**を行ないます。
日本語表示への変更手順は、簡単3ステップです。

手順　表示言語の日本語化

1　[File]⇒[Preferences]をクリックします。

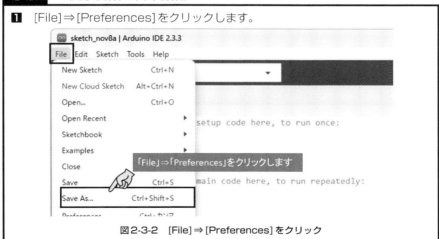

図2-3-2　[File]⇒[Preferences]をクリック

❷ プルダウンから日本語を選択し、OKをクリックします。

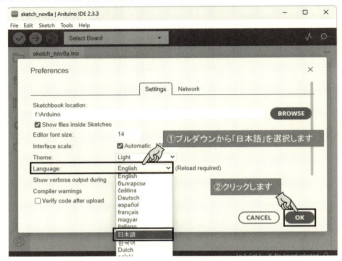

図2-3-3　プルダウンから日本語を選択しOKをクリック

❸ 表示が日本語化されたら、日本語化の設定作業は完了です。

図2-3-4　表示が日本語化されました

*

　表示が日本語になると、英語が苦手な方も安心してプログラム作成に集中することができます。

2-4　Arduino IDE 2.3の使い方

ここからは、Arduino IDEに標準で準備されている、**Arduino内蔵LEDの点滅動作サンプルプログラム**を使ったプログラム転送までの方法を紹介しましょう。

特にArduino UNO R3と接続した場合の使い方を紹介します。

図2-4-1　Arduinoの内蔵LEDは、ここに配置されています

手順　プログラムをパソコンからArduinoに転送する

1　パソコンとArduino UNO R3本体を、USBケーブルで接続します。

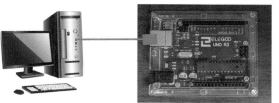

図2-4-2　Arduino本体とパソコンをUSBケーブルで接続

2　[ボードを選択]のプルダウンからArduino Unoを選択します。
　　COMポート番号は自動で認識されます。

図2-4-3　[ボードを選択]から接続しているArduinoを選択

3 接続している機種「Arduino Uno」が、接続先として設定されました。

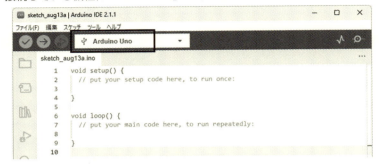

図2-4-4　Arduino Unoが接続機種として設定された

4 本体内蔵LED点滅サンプルプログラムを読み出します。
　［ファイル］⇒［スケッチ例］⇒［01.Basics］⇒［Blink］をクリックして、内蔵LED点滅サンプルプログラムを読み出します。

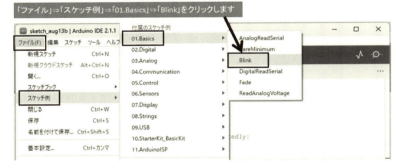

図2-4-5　「［ファイル］⇒［スケッチ例］⇒［01.Basics］⇒［Blink］」をクリック

5 サンプルプログラムをArduino本体に転送します。
　右矢印アイコンをクリックしてプログラムを書きこみます。

図2-4-6　右矢印アイコンをクリック

6 Arduino本体へのプログラム転送が完了しました。

プログラム転送時、自動的にプログラム記述内容に誤りがないかの検証作業が実行されます。

図2-4-7　サンプルプログラム転送完了

7 内蔵LEDの点滅動作を確認します。

Arduino内蔵LEDが1秒間隔で、点灯と消灯を繰り返しているか確認しましょう。

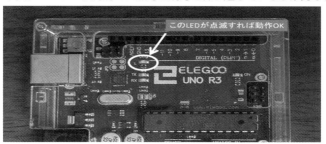

図2-4-8　内蔵LEDの点滅動作を確認

＊

触りながら、少しずつ操作方法に慣れていってください。

実際にLチカ動作を確認した動画がこちらです（Arduino UNO R4 Minimaの例）。

【最新】Arduino UNO R4 Minimaで内蔵Lチカやってみる！
https://www.youtube.com/watch?v=ykX6ExWVPpI

[2-4] Arduino IDE 2.3の使い方

2-5 新機能「オートコンプリート機能」の使い方

これまでのArduino IDE 1.8にはなかった新機能、「**オートコンプリート機能**」を紹介します。

オートコンプリート機能とは、プログラムの命令語を途中まで入力すると自動で候補となる命令語がリストアップされる、検索エンジンなどでも、おなじみの**入力予測機能**です。

手順　オートコンプリート機能の使い方

1 基本設定画面を開きます。

[ファイル]⇒[基本設定]をクリックして、設定画面を開きましょう。

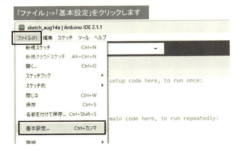

図2-5-1　[ファイル]⇒[基本設定]をクリック

2 [エディターのクイックサジェスト]にチェックを入れて、オートコンプリート機能を有効にします。

図2-5-2　[エディターのクイックサジェスト]にチェックを入れる

3 オートコンプリート機能の動作を確認しましょう。
「digitalWrite」命令を入力するために文字入力すると、候補が表示されます。
候補をクリックすることで、入力の手間を省くことができます。
大文字小文字の入力間違い対策に便利です。

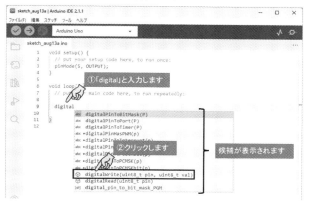

図2-5-3　オートコンプリート機能の動作を確認

2-6　Arduino Uno R4が発売されて楽しさ無限大!

　近年はラズベリーパイ人気に押されがちだったArduino。

　しかし、2023年に「Arduino Uno R3」の後継機種である「Arduino Uno R4 Minima」と「**Arduino Uno R4 WiFi**」が発売されて、まだまだ進化を続けています。

　中でもArduino Uno R4 WiFiはWi-FiモジュールとマトリクスLEDを内蔵しており、Arduino Uno R3単独ではできなかったIoTの世界も気軽に体験可能になりました。

　また、Arduinoはビジュアルプログラミングという「**文字列を使わないプログラミング**」も可能で、小学生のプログラミング学習にも最適です(**第3章、第4章**を参照)※。

　他にも、LEDやモータなどの電子パーツが含まれた、互換機セットはコスパが高くてお勧めです。

> ※Arduino Uno R4シリーズは、本書記載のmBlockを使ったビジュアルプログラミングには非対応。

　ぜひ、Arduinoを使ってプログラミングの楽しさに触れてみてください。

第3章　mBlock5の機能

　近年、プログラミング教育の場では、子どもから大人まで気軽にプログラミングの世界に触れられるビジュアルプログラミングが採用されているケースが多いです。
　「**Scratch**」(スクラッチ)という名前を耳にしたことがあるかもしれませんが、これがまさしくビジュアルプログラミングにあたります。
　本章では、Arduino動作プログラミングをArduino IDE(アルドゥイーノ)に置き換えて使えるスクラッチベースのビジュアルプログラミングツール「mBlock」を紹介します。

筆者	せでぃあ
サイト名	電気屋ときどき何でも屋
URL	https://cediablog.com/mblockstart/
記事名	mBlock5の機能とインストール方法(スクラッチベースのArduinoプログラミングツール)

3-1　mBlockとは?

　「**mBlock**」は、Makeblock社が開発した**スクラッチベースのビジュアルプログラミングツール**で、ブラウザ上または、スマホ・パソコンにインストールしてプログラミングを行なう無償ソフトウェアです。

　mBlockを使えば文字列プログラミングを使うことなく、Arduinoを動作させることができます。
　また、mBlockは日本語対応しているので、小学生のお子様にも扱いやすいです。

図3-1-1　mBlockの画面にArduino用ブロックが表示された状態

教育ロボットプログラミングに対応

　Makeblock社はプログラミング教育用のロボットを取り扱っており、ここで紹介するmBlockを用いてロボットプログラミングを行なうことも可能となっています。

　その他に、「micro:bit」「Raspberry Pi」など多数の機種に対するビジュアルプログラミングが可能です。

図3-1-2　Makeblock社が開発した教育用ロボット「mbot」（公式HPより引用）

[3-1] mBlockとは？

3-2 ビジュアルプログラミングができる

mBlockではビジュアルプログラミングが可能です。

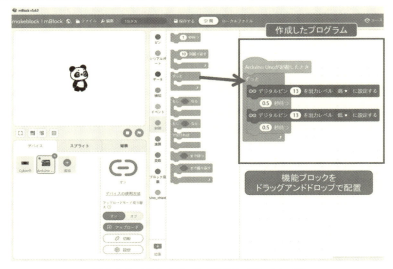

図3-2-1　ビジュアルプログラミングのイメージ

ビジュアルプログラミングには次のような特徴があります。

ビジュアルプログラミングの特徴

・直感的なプログラミング操作が可能
・小学生にも扱いやすい、やさしい言語

以下で説明していきましょう。

直感的なプログラミング操作が可能

　ブロックのリストから使いたいブロックを選択して、プログラムエリアにドラッグアンドドロップするのが基本操作になります。
　Arduinoに接続されたLEDへの点灯指示や、「もしA=Bだったら」といった条件などの**機能ブロック**をつなぎ合わせるスタイルです。

　マウス操作と簡単なキーボード入力だけでプログラミングが可能です。

小学生にも扱いやすい、やさしい言語

難しい文法や階層を気にすることなく、ただブロック同士をつなぎ合わせるだけのシンプルな操作が基本です。

また、英語の知識がなくてもプログラミングすることが可能。

小学生やプログラミング初心者にとっても気軽に扱うことができるツールです。

mBlockの使用方法は2通り

mBlockを使ったプログラミング方法は2通りあります。

mBlockの使用方法

・mBlock公式サイトからブラウザ上で作成
・mBlockアプリをスマホまたは、パソコンにインストール

＊

本章ではUSBケーブルをArduino本体に接続してデータを転送すること、安定動作させることを考慮して「パソコンへのインストール」方法を解説しています。

[3-2]ビジュアルプログラミングができる 41

3-3　mBlockのインストール方法

　私のパソコンのOSがWindowsOSなので、Windowsパソコンへのインストール方法を例に説明します。

※macOSに対してもインストールファイルは準備されています。

手順　ソフトウェアのダウンロード

❶　インストールファイルをダウンロードするために、mBlock公式サイトにアクセスします。
mBlock公式サイト
https://mblock.cc/

図3-3-1　mBlock公式サイトトップページ

❷　ページ上部にあるダウンロードページへのリンクをクリックします。

図3-3-2　ダウンロードページへのリンクをクリック

❸　使用するパソコンのOSに合わせたインストールソフトウェアをダウンロードします。

図3-3-3　windowsOS版は左、macOS版は右のボタンをクリックします

第3章　mBlock5の機能

4 インストールソフトウェアがダウンロードされる前に、接続のセキュリティを確認する画面が表示される場合があります。

［人間であることを確認します］のチェックボックスをクリックして、チェックを入れるとソフトウェアのダウンロードが開始されます。

図3-3-4　この画面が表示されなくてもファイルがダウンロードされたらOK

mBlockのインストール

1 ダウンロードしたインストールファイルをダブルクリックして、インストールを実施します。

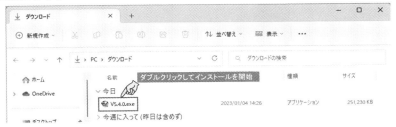

図3-3-5　インストールファイルをダブルクリック

2 インストールが開始されるので、完了するまで待ちます。

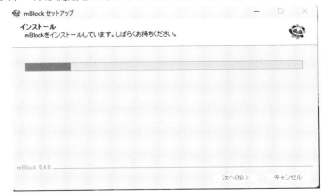

図3-3-6　インストール完了まで待つ

[3-3] mBlockのインストール方法

3 USBドライバインストール画面がポップアップ表示されるので、インストールを実施。
　インストールが完了したら[OK]ボタンをクリックして、画面を閉じます。

図3-3-7　インストール

4 インストール完了画面がポップアップ表示されるので、[完了]ボタンをクリックして画面を閉じます。

図3-3-8　[完了]ボタンをクリック

mBlockの起動

1 デスクトップのショートカットアイコンをダブルクリックしてmBlockを起動します。
　ちなみに、インストール完了時に「mBlockを実行」にチェックを入れていた場合は、インストール完了後にソフトが起動します

図3-3-9　デスクトップ上のショートカットアイコン

2 Windowsセキュリティ警告が表示された場合は、プライベートネットワークにチェックを入れて、[アクセスを許可する]を選択してください。

図3-3-10　Windowsの警告メッセージ画面

3 上記の如く、mBlockのメイン画面が開いたら利用可能な状態になっています。

図3-3-11　mBlock初回起動後の画面

これでセットアップ作業完了です。お疲れ様でした！

Arduinoに対するプログラミング方法や、通信・動作確認方法については**次章**にて詳しく説明しています。

3-4 Scrattino3と比較したメリットデメリット

Arduinoに対してビジュアルプログラミングを行なうツールとして、「Scrattino3（スクラッチーノ）」があります。

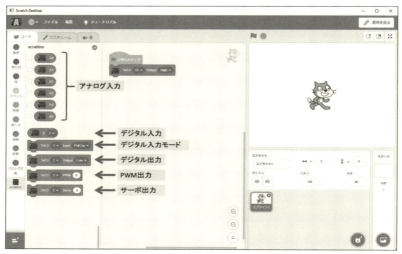

図3-4-1　Scrattino3のメイン画面と機能

ここからはScrattino3とmBlockの比較をしながら、mBlockのメリット・デメリットについて解説します。

表3-4-1　Scrattino3とmBlockの比較表

	ビジュアルプログラミングツール	オンラインモード（パソコンと要常時接続）	自動コード生成（パソコンと常時接続不要）	対応機器の幅
Scrattino3	Scratch3.0拡張機能	○：対応	×：非対応	狭い
mBlock	Scratchベースのオリジナルツール	△：対応 演算が遅い印象	○：対応	広い（アップロードモードOFF時）

ちなみに、ビジュアルプログラミングツールには他にも「**S4A**」「**ArduBlock**」といったツールがあります。とはいえ、mBlockとScrattino3をインストールしておけばプログラミング運用に困らないでしょう。

mBlockのメリット

メリット

・Scrattino3より扱える機器が豊富
・パソコンとの常時接続が不要

Scrattino3より扱える機器が豊富

まず、mBlockの大きな利点として**自動プログラムコード生成機能**があり、ビジュアルプログラミングから自動でプログラミングコードを生成して、Arduino本体に転送することができます。

これによってArduino本体の演算能力で演算処理できるため、高速演算が必要な機器を取り扱うことが可能となります。

mBlockで使える機器の一例

・超音波センサ
・パッシブブザー(音階制御)

パソコンとの常時接続が不要

mBlockには、Arduino側にて演算処理させる**アップロードモード**があります。

アップロードモードがONのときは、一度プログラムコード転送さえ完了してしまえばArduino本体とパソコンは通信不要です。
外部電源や電池などを使ったArduino本体への電源供給は必要ですが、通信ケーブルが邪魔にならない利点があります。

[3-4]Scrattino3と比較したメリットデメリット　**47**

mBlockのデメリット

デメリット

- オンラインプログラミングモードの演算が遅い
- ヘルプページが日本語非対応

オンラインプログラミングモードの演算が遅い

パソコンとUSBケーブルで常時接続し、プログラムデータをモニタリングできるモード「**アップロードモードOFF**」があります。

このモードのときはオンラインプログラミングモードの演算が非常に遅く、Scrattino3で同じ動作のプログラムをオンライン接続動作させる場合と比較しても感覚的に5倍くらい遅い印象を受けました。

リアルタイム性を重視したプログラム変数データ値モニタリングをしたい場合は、Scrattino3を使ったプログラミングのほうが適していると思います。

ヘルプページが日本語非対応

mBlock公式ページの上部にあるリンクからヘルプページに移動すると、英語のページに移動しますが、ブラウザの翻訳機能を使うことである程度理解できるようになります

*

ビジュアルプログラミングは、これからプログラミングにチャレンジしようと考えている小中学生やプログラミング初心者の方に、ぜひお勧めしたいツールです。

ぜひmBlockを使ってプログラミングにチャレンジしてみてください。

第4章　mBlock5の使い方

本章ではビジュアルプログラミングツール「mBlock5」を使った、Arduinoプログラムの作り方を紹介します。
　Arduino本体のLEDを点灯させるプログラムを一緒に作ってみましょう。

筆者	●せでぃあ
サイト名	●電気屋ときどき何でも屋
URL	●https://cediablog.com/mblockinfo/
記事名	●mBlock5の使い方、Arduinoビジュアルプログラムの作り方

4-1　mBlockの基本的な使い方

mBlockの画面構成

　mBlockはScratchベースで開発されており、画面構成もかなりScratchに似ています。

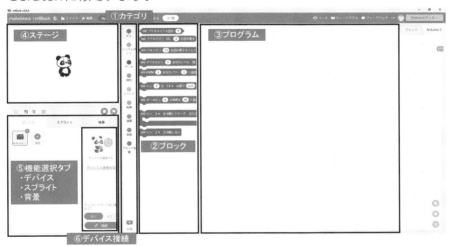

図4-1-1　mBlockの画面構成説明

　図4-1-1の説明画面はデバイスにArduino Unoが選択された状態です。
　デバイスの選択方法など、Arduinoプログラミングの手順は本章後半で説明します。

①カテゴリエリア

ブロックの種類がカテゴリ分けされており、「Arduinoピン制御」「イベント」「演算」などの目的に応じて分類されています。

②ブロックエリア

カテゴリごとの命令ブロックが一覧表示されます。

使いたいブロックをここからプログラムエリアへドラッグアンドドロップして配置していきます。

③プログラムエリア

ここでプログラムが構成されます。

使いたいブロックをこのエリアにドラッグアンドドロップして、ブロック同士をつないでいきます。

④ステージエリア

変数の値やスプライトの実行結果が表示されるエリアです。

アップロードモードONのときは、変数名が表示されるだけのエリアになります。

⑤機能選択タブ

「デバイス選択タブ」はArduino Unoなどの接続するデバイスを選択します。

「スプライトタブ」は利用するキャラクターなどが表示されルタブです。

「背景タブ」では利用する背景を選択します。

⑥デバイス接続

パソコンとArduino本体を接続する機能が表示されます。

4-2 Arduinoとの通信モードについて

プログラミングを開始する前に、Arduinoとの通信モードについて説明します。

Arduinoとの通信方法は以下の2種類あり、プログラムも通信モードに応じて実行条件などが異なります。

Arduinoとの通信方法

・アップロードモードON：プログラム転送モード
・アップロードモードOFF：PC接続モニタリングモード

アップロードモードON：プログラム転送モード

Arduinoにプログラミングコードを転送し、Arduino側で演算処理させる方式です。

Arduino IDEを使った文字列プログラミングを行なうケースと同じ方式となります。

ビジュアルプログラムをmBlock側でプログラミングコードに自動で変換してくれるので、安心です。

また、超音波センサなどの高速演算が求められる機器は、こちらのモードでないと制御できません。

アップロードモードOFF：PC接続モニタリングモード

パソコンとArduinoを常時接続して、パソコン側からArduinoを制御する方式です。

mBlockのソフトウェア画面上で、プログラム実行時のデータ値のモニタリングをすることができます。

プログラムのデバッグを行なうのに便利なモードで、Scrattino3と同じ動作モードになります。

[4-2] Arduinoとの通信モードについて **51**

4-3 mBlockを使ったArduinoプログラミング

ここからはmBlockを使ったArduino Unoに対するプログラミングの流れを説明します。

Arduino内蔵LEDを点滅させる

mBlockを使って、Arduino内蔵LEDを点滅制御させます。

このLEDは基板内部で13番ソケットと接続されているため、13番ソケット出力のON-OFF制御プログラムを作成することでLEDを点滅制御することができます。

図4-3-1　Arduino内蔵LEDの点滅動作説明（図はfritzingで作成）

パソコンとArduinoをUSBケーブルで接続するだけで、プログラミング～動作確認まで実施できます。

mBlockを使ったプログラミングの流れ

①デバイスを選択する
②プログラムを作成する
③Arduinoと接続する
④動作を確認する

デバイスを選択する

画面左下の追加ボタンをクリックします。

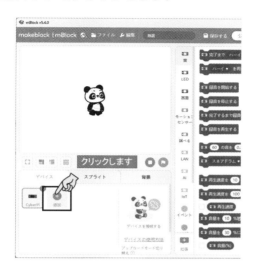

図4-3-2　画面左下の追加ボタンをクリックします

デバイスが一覧表示されるので、Arduino Unoを選択してOKをクリックします。

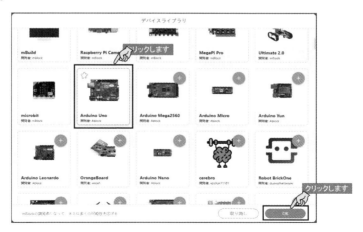

図4-3-3　Arduino Unoを選択する

すると、Arduino専用のブロックが表示され、プログラムに使えるようになります。

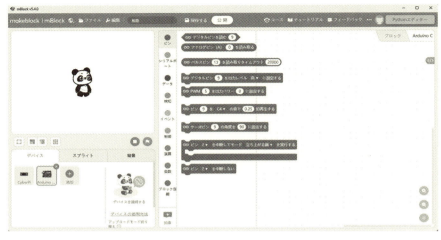

図4-3-4　Arduino専用のブロックが表示される

プログラムを作成する

　ブロックエリアから必要なブロックを選択し、プログラムエリアにドラッグアンドドロップして配置します。

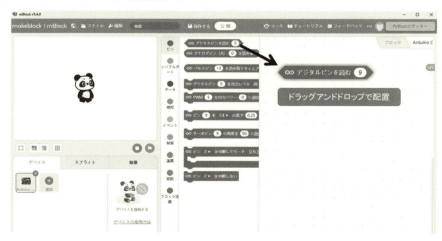

図4-3-5　必要なブロックをプログラムエリアにドラッグアンドドロップで配置

図4-3-6 上記が0.5秒ごとに内蔵LEDの点灯と消灯を繰り返すプログラムになります。

アップロードモードOFFとONでプログラム実行条件が異なることに注意してください。

図4-3-6　Arduino内蔵LEDの点滅プログラム

＊

それでは、実際に点滅プログラムを作っていきましょう。

手順　点滅プログラムの作成

1 Arduinoとの接続モードを選択します。

図4-3-7　アップロードモードONとOFFを選択する

画面下側のアップロードモードオン-オフ切り替えボタンクリックして、どちらの接続モードにするか選択します。

2 プログラム実行条件を配置します。

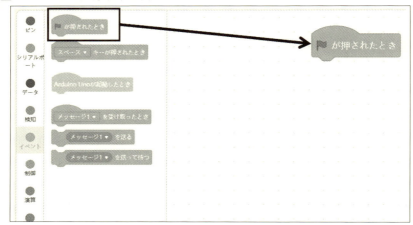

図4-3-8　アップロードモードOFFのときの実行条件

アップロードモードOFFのときは、PC側でのプログラム実行条件を設定します。
今回は、mBlock画面上の旗マークがクリックされたときにプログラムを実行するブロックを配置します。

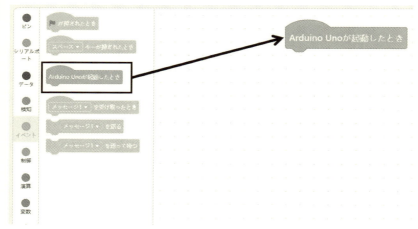

図4-3-9　アップロードモードONのときの実行条件

アップロードモードONのときは、Arduinoが起動した時点でプログラムが実行されるブロックのみ選択が可能です。

3 プログラムの繰り返し制御ブロックを配置します

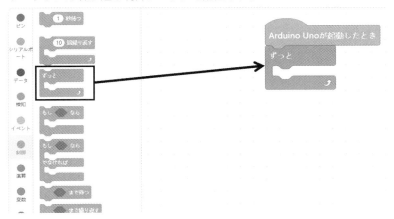

図4-3-10　繰り返し制御ブロックを配置

Arduinoでプログラムを繰り返し実行するためには、「ずっとブロック」を配置しなければなりません。

「ずっとブロック」の中にあるプログラムブロックは繰り返し動作されます。

4 LEDを点灯出力させる条件を配置します。

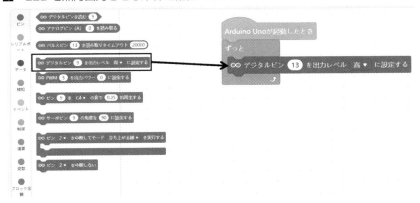

図4-3-11　点灯出力条件を配置

「ピンイベント」の中にある、「デジタルピン出力ブロック」を配置。
ピン番号を13に変更し、出力レベルを高にします。
こうすると、出力レベル高のときに出力ON＝LED点灯となります。

5 0.5秒ウェイトタイマーブロックを配置します。

図4-3-12　0.5秒ウェイトタイマーブロックを配置

「ウェイトタイマーブロック」を配置し、キーボード入力で0.5秒に変更します。

6 LEDを消灯させる条件を配置する

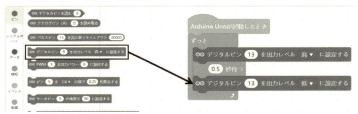

図4-3-13　消灯条件を配置

「ピンイベント」の中にある、「デジタルピン出力ブロック」を配置。
ピン番号を13に変更し、出力レベルを低にします。
こうすることで、出力レベル低のときに出力OFF＝LED消灯となります。

7 0.5秒ウェイトタイマーブロックを配置します。

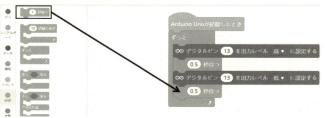

図4-3-14　0.5秒ウェイトタイマーブロックを配置

「ウェイトタイマーブロック」を配置し、キーボード入力で0.5秒に変更します。

これでプログラム作成が完了しました。

Arduinoと接続する

　ArduinoとmBlockを起動しているパソコンを接続して、作ったプログラムでArduinoを動かせるようにします。
　アップロードモードOFFのときとアップロードモードONのときで操作が異なるので、分けて説明します。

手順　Arduinoとの接続（アップロードモードOFFのとき）

❶　パソコンとArduino本体をUSBケーブルで接続します。

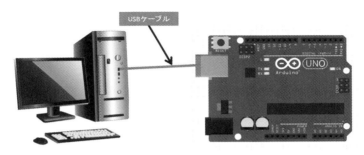

図4-3-15

❷　Arduinoと通信接続します。
　　mBlock画面下の[接続]ボタンをクリックします。

図4-3-16　画面下の[接続]ボタンをクリック

　Arduinoと接続するためのポップアップウィンドウが表示されるので、[すべての接続可能なデバイスを表示する]にチェックを入れて[接続]ボタンをクリックします。

[4-3] mBlockを使ったArduinoプログラミング　**59**

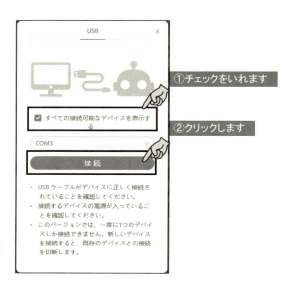

図4-3-17　接続ボタンをクリック

3 アップロードモードOFFのとき限定で、Arduino本体にファームウェアの転送が必要となります。
　ポップアップウィンドウが表示されるので、[アップデート]をクリックして更新を実行します。

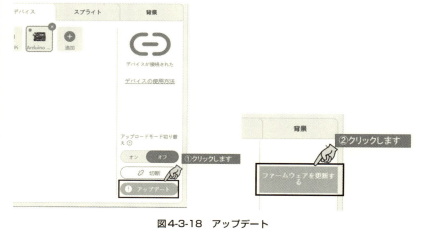

図4-3-18　アップデート

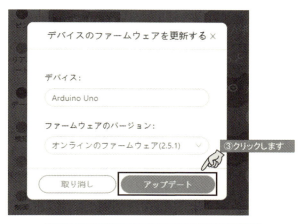

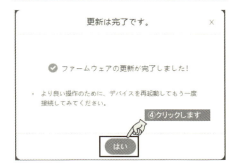

図4-3-19 ファームウェアの更新

手順　Arduinoとの接続（アップロードモードONのとき）

1　Arduinoと通信接続するところまでは**[手順]Arduinoとの接続（アップロードモードOFFのとき）**の[1]～[2]と同様です。

2　アップロードモードONのとき限定で、Arduino本体にプログラムコードの転送が必要となります。

　[アップロード]ボタンをクリックしてプログラムを転送します。
　アップロード進行中のポップアップウィンドウが表示され、転送完了すると自動的にウィンドウが閉じます。

図4-3-19　アップロードモードONのとき

動作を確認する

Arduino本体のLEDが0.5秒ごとに点灯と消灯を繰り返すことを確認してください。

アップロードモードONのときはArduinoにプログラムデータが転送完了した時点で、プログラム動作が開始されます。

アップロードモードOFFのときはmBlock画面上の旗マークをクリックして、プログラムを実行します。

図4-3-20　mBlock画面上の旗マークをクリックしてプログラムを実行

その他のArduino専用ブロック機能と使い方は本書の「**付録**」で詳しく紹介しています。

| Column | 変数に全角やカタカナは使用できないので注意

旧バージョンのmBlock5.4.0では、変数にひらがなや漢字を使うことができましたが、バージョン5.4.3にアップデートされてからは、変数に全角文字やカタカナは使用不可になりました。

もし使用してしまうと、プログラムをArduinoにアップデート（転送）するときにエラーが発生します。

変数は半角英数字の組み合わせで作成するようにしましょう。

第2部
実際に作ってみる

ここからは実際に電子工作をしてみましょう。

電子工作と言っても、電気回路を組み上げるだけで動くものからマイコンで複雑な動作をさせるものまでさまざまです。

第2部では電気回路のみを使う「じゃんけん装置」とマイコン（Arduino）を使う「信号機」を紹介します。

CONTENTS

第5章	「じゃんけん装置」を作ってみよう	66
第6章	Arduinoで作る「信号機」	83
第7章	ビジュアルプログラミングを使った信号機制御プログラムの作り方	107

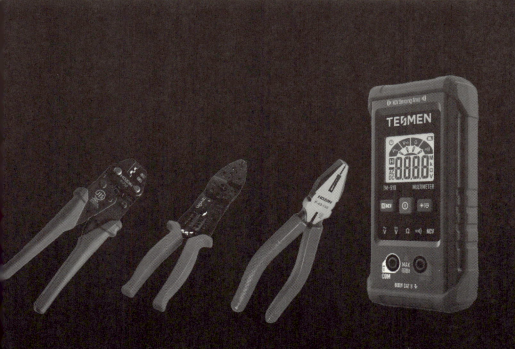

第5章 「じゃんけん装置」を作ってみよう

本章では、筆者が数年前に実際に子ども(当時小5)と作ったアイデア工作「じゃんけん装置」を紹介します。

プログラムを使わず電気配線のみで回路が構築されるシンプルな工作なので、初心者の方にお勧めの工作です。

筆者	せでぃあ
サイト名	電気屋ときどき何でも屋
URL	https://cediablog.com/kousakujanken/
記事名	夏休みの自由研究に！電子工作「じゃんけん装置」を作ってみよう【親子で工作】

5-1 装置の説明

じゃんけん装置とは2人が向かい合って、押しボタンを使ったじゃんけんをする対戦装置です。

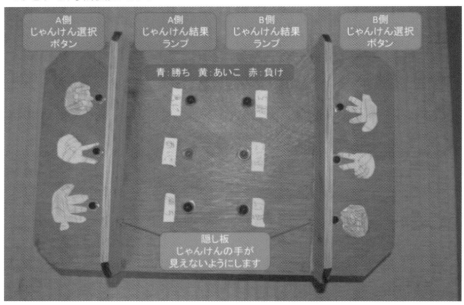

図5-1-1　じゃんけん装置の上面写真

2人のボタンが押されると、じゃんけんの結果に応じたランプが点灯します。

ボタンを押した人の手は分からないので、後出ししても有利にはなりません。

本装置は過去に私が子どもと一緒に製作した装置を基に再設計し、電気配線をやり直しています。

5-2 じゃんけん装置完成までの流れ

STEP1

まずは「工具と材料の準備」です。
ホームセンターやネットショップ、100均で揃えることができます。

STEP2

次に「組み立て」です。
基本的には木工ボンドを用いて取り付けます。

STEP3

その次が「電気配線」です。
主にドライバやハンダゴテを使った作業を行ないます。

STEP4

最後に「動作確認」をしましょう。
各じゃんけんの組み合わせに応じたランプが点灯するか確認します。

STEP5

以上が終われば「完成」。
色塗りなど、お好きなようにカスタマイズしてもいいですね。
詳細については次ページ以降で紹介します。

5-3 装置の構成

この装置がどんな部材・機器構成になっているかの概要を示します。

表面には豆電球や押しボタンが実装されています。

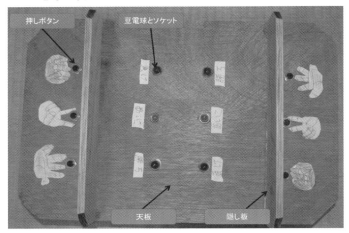

図5-3-1　表面側の構成機器

裏面には電池ボックスや配線部分が隠されています。

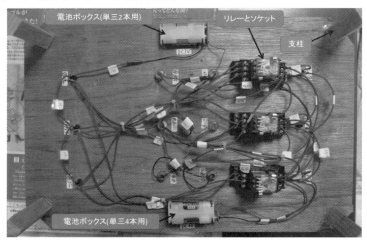

図5-3-2　裏面側の構成機器

5-4 必要な工具

第**2**部
実際に作ってみる

本装置を製作するために必要な最低限の工具について説明します。

最低限必要な工具

- **⊕ドライバ**
  リレー・ソケットを天板に固定するために使用

- **木工用ネジ**（3mm×長さ10mm）
  リレー・ソケット固定に使用

- **ニッパ**
  配線切断、配線被覆剥きに使用

- **配線用電線**（0.5㎟あれば充分）
  配線に使用

- **ハンダ、ハンダゴテ**
  ボタン、ランプなどの配線時使用

- **木工用ボンド**
  木材の固定、電子機器の固定に使用

- **絶縁テープ**
  配線同士のハンダ付け部の保護に使用

自分で加工する場合は必要な工具

- **ノコギリ**
  天板面取り加工などで使用

- **電動ドリル、彫刻刀などの木材穴あけ工具**
  ボタン、ランプ用穴あけで使用

[5-4]必要な工具　**69**

あると便利なもの（なくても本装置は製作可能です）

- **ワイヤストリッパ**
  電線の被覆剥き作業に便利です。なければ電工ペンチやニッパの切り欠き部を使います。

- **結束バンド**
  配線を縛ってまとめることができます。

- **マークチューブ、シール類**
  電線に線番を記すことができます。

5-5　必要な材料

使用する材料には「加工が必要なもの」と「購入するもの」が存在するので、それぞれについて説明します。

加工が必要なもの

- 天板
- かくし板
- 支柱

天板

天板は木材（ベニヤ板）の加工品になります。

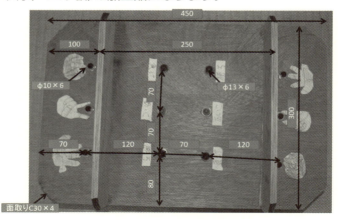

図5-5-1　天板の寸法指示説明写真

天板の寸法は300mm(奥行)×450mm(幅)×4mm(厚み)。

必要な加工は、直径10mm×6か所(押しボタン用)、直径13×6か所(ランプ用)。

ケガ防止のため、4隅の角は面取り加工を行なってください。

ホームセンターによっては穴あけ加工まで対応可能な店舗もあります。近くの店舗のサービス内容を確認してみてください。

隠し板と支柱

「隠し板」と「支柱」は木材の加工品です。

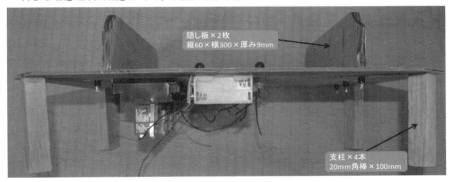

図5-5-2　隠し板と支柱の寸法説明写真

筆者は20mm角棒を切断して4つ支柱を製作しました。

ホームセンターで加工が可能な場合は購入時に加工すると便利です。

購入するもの

購入する部品とその型番などを示します。
購入品型番は必要スペックが同じであれば、別メーカー品も適用可能です。
リレー・ソケットは秋月電子通商で購入できます。

購入が必要なもの

・押しボタン×6
型番は HK-PSS03H（ELPA）

・豆電球(赤)×2
型番は GA-11NH（R）（ELPA）

・豆電球(黄)×2
型番は GA-11NH（Y）（ELPA）

・豆電球(青)×2
型番は GA-11NH（BL）（ELPA）

・豆電球用ソケット×6
型番は PP-04NH（ELPA）

・単三乾電池×6
アルカリ推奨

・単三乾電池用ボックス(2本用)×1
型番は UM-320NH（ELPA）

・単三乾電池用ボックス(4本用)×1
型番は UM-340NH（ELPA）

・バッテリスナップ×2
型番は PP-18NH（ELPA）

・リレー(DC6V 4回路C接点)×3
型番は 952-4C-6DN（秋月電子通商）

・リレー用ソケット×3
型番は PYF14A-A（秋月電子通商）

5-6 組み立て

木材部品の組み立て

　天板の穴の加工などが未完了の場合は、加工後に組み立てを行なってください。
　まず、木材品を木工用ボンドで接着します。
　天板に対して、隠し板、支柱どちらを先に接着してもいいです。

　天板の上に接着対象を載せて接着したほうがグラつきがないため、どちらか一方の接着が完了してから残りを接着することをお勧めします。

図5-6-1　木材部品の組み立て

電子部品の組み立て

　表面実装部品はボタン、ランプともにボンドで接着取り付けします。

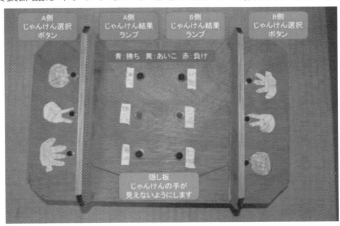

図5-6-2　完成時の装置表面写真

続いて、裏面実装部品です。

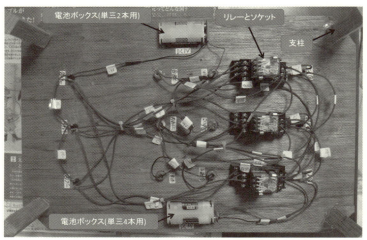

図5-6-3　完成時の装置裏面写真

電池ボックスはボンドで接着します。

リレーはソケットに差し込んで組み付けます。
また、リレー・ソケットは木工用ネジ（3mm×長さ10mm）で組み付けしていきます。

これで部品組み付け完了です。

5-7 電気配線

いよいよ電気配線です。
丁寧に説明していくので、落ち着いて作業を行なってください。

DC3V回路の配線

まずは、DC3V回路の配線を行なっていきます。

手順　DC3V回路の配線

1　⊖線を配線します。
まずは電池ボックスからマイナス電源ライン(線番：-3V)の配線を行ないます。
バッテリスナップから出ている**黒リード線がマイナス**です。

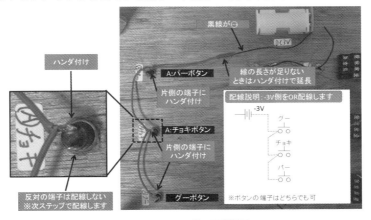

図5-7-1　-3V線の配線説明

押しボタンスイッチには2つの端子があり、ハンダ付けで任意の端子に配線します。
ハンダゴテの金属部で火傷しないように充分注意してください。

2　A側ボタン押下信号を配線します。
　A側の押しボタン「グー」「チョキ」「パー」から、リレー「R1」「R2」「R3」に対して配線します。
　ボタン側はハンダ付け、リレー側はネジ端子に固定してください。
　リレー側への接続先は**図5-7-2**の右上記載のネジ部です。

押しボタンの端子は、**先ほどの-3V配線で接続されていない側**を接続してください。

[5-7]電気配線　75

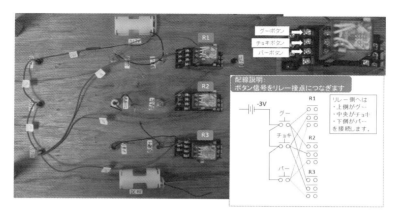

図5-7-2　A側ボタンの押し下げ信号配線

3　じゃんけんの組み合わせに応じたランプに配線します。

組み合わせは全部で9通りですが、結果は「勝ち」「あいこ」「負け」の3通りです。

図5-7-3のように色分けすると各リレーから、結果A、B、Cへの配線が各1本必要であることが分かります。

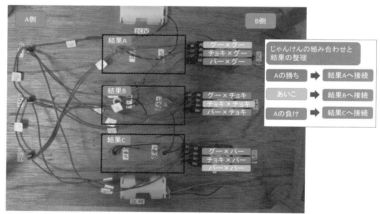

図5-7-3　じゃんけん結果ランプへの配線の考察

それでは配線作業に取り掛かります。

1つのランプに対して4本の線を接続しているため、**ハンダ付け後に線が剥がれる**ことがあります。

長めに被覆を剥いて、電線を巻き付けた状態でハンダ付けするとやりやすいです。

ちなみに接続本数が多い箇所でハンダ付けするときは、**ハンダを多めに流し込む**と剥がれにくくなります。

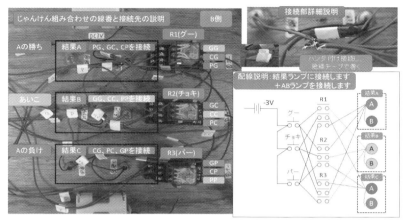

図5-7-4　じゃんけん結果ランプへの配線

4　⊕線を接続します。
　電池ボックスのプラス電源ラインとの接続を行ないます。
　バッテリスナップから出ている**赤リード線がプラス**です。

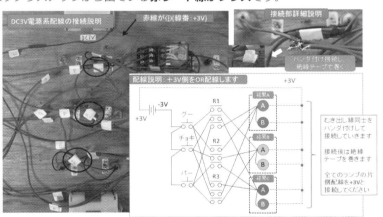

図5-7-5　+3V線の配線説明

＊

これでDC3V回路の配線は完了です。

DC6V回路の配線

使用するリレーはDC6Vで駆動する機器なので、DC6V電源ラインで回路構築します。

手順　DC6V回路の配線

1　⊖線を配線します。-3Vの配線と同様の配線になります。
バッテリスナップから出ている**黒リード線がマイナス**です。

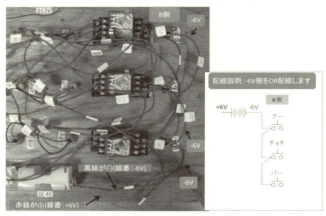

図5-7-6　-6V線の配線説明

2　B側ボタン押下信号を配線します。

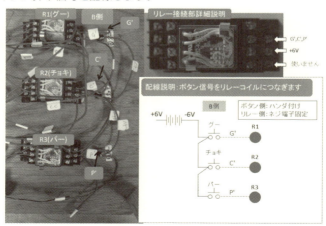

図5-7-7　B側ボタンの押し下げ信号配線説明

グーボタンはR1、チョキボタンはR2、パーボタンはR3の各1本配線になります。
　リレー側への接続先は上記写真右上での説明を参照してください。

3　⊕線を接続します。
　リレーの端子を使った配線となります。
　バッテリスナップから出ている**赤リード線がプラス**です。

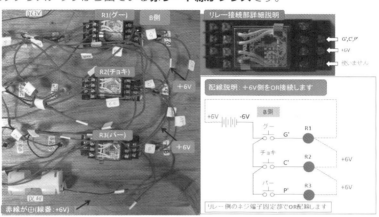

図5-7-8　+6V線の配線説明

＊

　これでDC6V回路の配線も終わり、配線作業は完了となります。お疲れさまでした。
　動作確認する前に、今一度、配線間違いがないか目視確認してください。

【参考ブログ記事】

・夏休みの自由研究におすすめ！電子工作じゃんけん装置のリレー回路図の設計方法
https://cediablog.com/jankensekkei/

・リレーの仕組みと選び方、使い方|回路例を用いてわかりやすく解説！
https://cediablog.com/relayinfo/

5-8 動作確認

配線が完了したら動作確認を行ないます。
じゃんけんの組み合わせは全部で9通りあるので、それぞれ確認していきます。

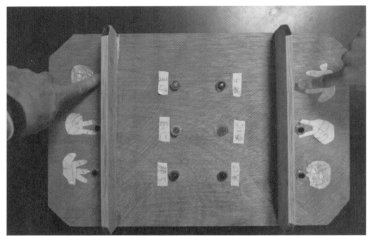

図5-8-1　左グー×右パー：動作OK

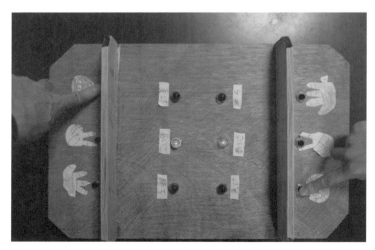

図5-8-2　左グー×右グー：動作OK

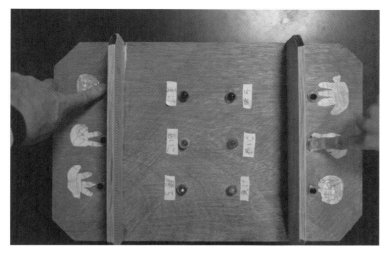

図5-8-3　左グー×右チョキ：動作OK

＊

残りの6通りも確認し、動作を確認します。
この動作確認遊びが楽しいですよ！

動作に問題があった場合の対応方法

- **ランプが点灯しないとき**
  配線抜け、ネジゆるみ、ハンダ付け部の未接合、別信号線との接触を確認してください。

- **違うランプが点灯するとき**
  配線間違いをしていないか、別信号と接触していないか確認してください。

　上記を試しても動作が上手くいかないときは、配線1本ずつ問題がないか確認してください。
　あせらず、落ち着いて配線状態を確認することで問題個所を見つけることができます。

5-9 じゃんけん装置はプログラミングを使わない電子工作を作りたい方にお勧め

　プログラミングを使わずに作ることができるじゃんけん装置は、お手軽にチャレンジできるお勧めテーマです。
　プログラミングを使わなくても電子工作を充分楽しめると思います。

　電子工作に慣れてきたら、ご自身で考えたアイデア工作にチャレンジしてみると電子工作がさらに楽しくなると思います。

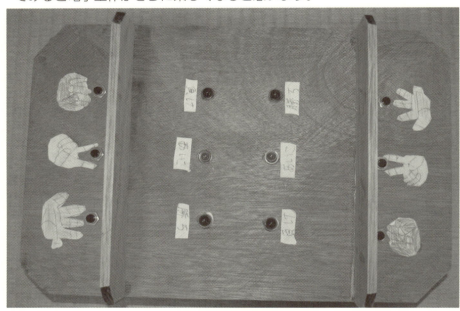

図5-9-1　完成したじゃんけん装置

第6章　Arduinoで作る「信号機」

第2部 実際に作ってみる

　私が数年前に子ども(当時小6)と作った、アイデア電子工作「信号機」を紹介します。
　レゴブロックとArduinoによる信号機のプログラミング点灯回路を合わせた、オリジナル作品です。
　本記事を読めば、誰でもこの作品を作ることができることを目指して書きました。
　プログラムはコピペで対応できる内容となっています。プログラミング初心者の方も安心してチャレンジしてみてください。

筆者	せでぃあ
サイト名	電気屋ときどき何でも屋
URL	https://cediablog.com/arduinosignalkousaku/
記事名	小学生の自由研究に！レゴとArduinoで作るアイデア電子工作「信号機」※

6-1　信号機ってどんな装置

「親子でプログラミングを使った電子工作にチャレンジしてみたい」
そう思っているプログラミング初心者の方にお勧めの工作です。

まずは、私が作成した装置(**図6-1-1**)をご覧ください。

信号機は身近な制御機器である信号機を題材にした工作です。
交差点の信号機で、車用が2つ、歩行者用が1つ設置されています。
それぞれの信号が時間経過とともに自動で点灯状態が切り替わります。

誰でも知っている信号機は、工作のテーマに最適だと言えるでしょう。

> ※本章はブログ記事「小学生の自由研究に！レゴとArduinoで作るアイデア電子工作「信号機」」をベースに下記の動画の内容も加味して加筆・修正しています。
>
> 小学生におすすめ！「信号機」の電子工作を作ってみよう！【ハード設計編】
> https://youtu.be/p6XhMgUV5IY
>
> 夏休みの自由研究に！「信号機」の電子工作を作ってみよう！【ソフト設計編】
> https://youtu.be/IEQbmmFj_VA

[6-1]信号機ってどんな装置　**83**

図6-1-1　完成した「信号機」

6-2 作り方

信号機作成の流れは以下の通りです。

STEP1

まず「工具と材料の準備」です。
ホームセンターやネットショップで揃えることができます。

STEP2

次が「組み立て」です。
基本的にはレゴブロックの組み立てになります。特別な工具は必要ありません。

STEP3

続いて「電気配線」です。
基本的にジャンパーワイヤの挿し込みだけで配線が可能です。歩行者用押しボタンのみ、ハンダ付けを行ないます。

STEP4

配線ができたら「プログラミング」です。
専用開発ソフトウェア「Arduino IDE」を使います。
私が作成したプログラムをコピペして使ってください（プログラミング設計については次章で解説）。

STEP5

最後に「動作確認」です。
信号機の動作になっているか確認してください（記載のプログラムは動作確認済ですので、ご安心ください）。

以上が終われば、プログラミングを用いた電子工作の完成です！

[6-2]作り方　85

6-3 工具と材料の準備

必要な工具

使用する工具は以下の通りです。

必要な工具

- 精密ドライバ
  Arduino本体クリアケース組み立てに使用。

あったら便利なもの(なくても製作可能)

- 結束バンド
  配線をまとめることができます。

必要な材料

以下の材料を使用します。

必要な材料

- レゴブロック
- EレゴO UNO R3スターター互換キット
- アクリルケース
- デュポンワイヤ(メス-オス)

レゴブロック

これまで購入してきたレゴパーツを組み合わせているため、肝になるパーツのみ紹介します。

図6-3-1　レゴブロック

LEDの頭を穴に差し込んで、クリアパーツで穴を塞ぎます。
LEDむき出しでもよければ、クリアパーツ手配はマストではありません。

*

ブロックセット品を購入する際は、購入前に必要なブロックが含まれるセットかどうかを確認してください。

セットに必要なブロックが含まれていなかった場合、筆者には責任が取れませんのでご了承ください。

ここでは、レゴブロックの販売店として「ブリッカーズ楽天市場店」のリンクを紹介します。

商品検索窓に「型式番号」を入力して検索すると、ほしいパーツが見つかります。

ブリッカーズ楽天市場店
https://www.rakuten.co.jp/brickers/

①穴あきテクニックブロック

- 1×1　1穴　型式：6541
- 1×2　1穴　型式：3700
- 1×2　2穴　型式：32000
- 1×4　3穴　型式：3701

②プレートクリアパーツ

- 1×1　型式：3024
- 1×1　ラウンド　型式：4073

ELEGOO UNO R3スターター互換キット

これからArduinoを始める方にお勧めの初心者キットです。

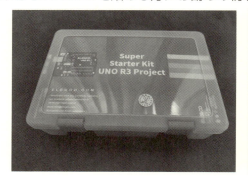
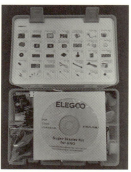

図6-3-2　ELEGOO UNO R3スターター互換キット

今回はこのキットの中から、以下の部品を使います。

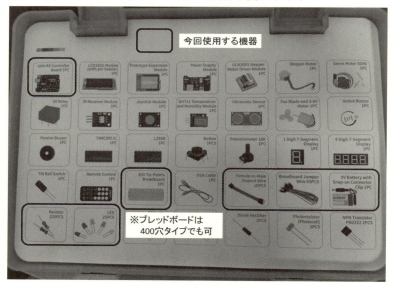

図6-3-3　今回使う部品

使用部品
・Arduino UNO R3本体(互換品)

図6-3-4　使用部品①：Arduino UNO R3本体(互換品)

・ブレッドボード

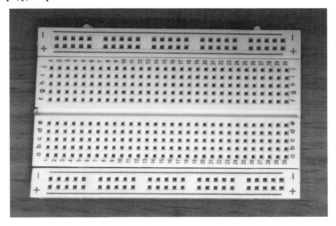

図6-3-5　使用機器②：ブレッドボード
400穴タイプ。キット付属品は830穴タイプです

・LED

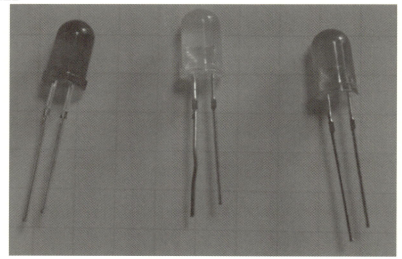

図6-3-6 使用機器③：LED(赤×3　黄×2　緑×3)

・220Ω抵抗器

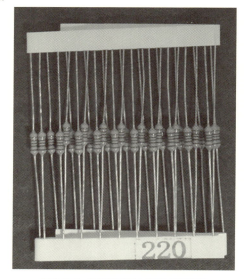

図6-3-6　使用機器④：220Ω抵抗器

・9V電池とスナップケーブル

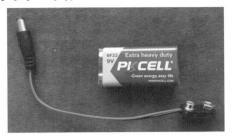

図6-3-7　使用機器⑤：9V電池とスナップケーブル

　Arduinoへの電源供給用。
　パソコンからUSBケーブル経由でArduino本体へ給電する場合は不要です。

・オス-オスジャンパ線

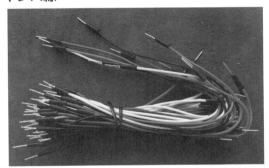

図6-3-8　使用機器⑥：オス-オスジャンパ線

・オス-メスジャンパ線

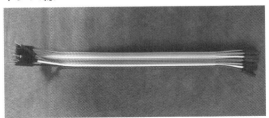

図6-3-9　使用機器⑦：オス-メスジャンパ線

アクリルケース

　Arduino本体の裏側は基板がむき出しになっており、埃による短絡故障のリスクがあります。

　本体を平置き設置するためにも、アクリルケースを購入することをお勧めします。

図6-3-10　ELEGOO本体の裏側写真

デュポンワイヤ（メス-オス）

　信号機とブレッドボードを接続するために必要です。

　Arduinoのスターターキットにもデュポンワイヤが同梱されていますが、今回の必要数16本に対して不足するため、購入が必要です。

図6-3-11　デュポンワイヤは16本必要
（写真はELEGOOの120pcs多色デュポンワイヤ）

6-4 組み立て

図6-4-1～6-4-4を参考にして、レゴブロックを組み立てます。

図6-4-1　完成写真

まず、信号機と横断歩道を配置します。

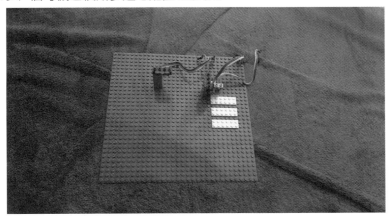

図6-4-2　信号機と横断歩道を配置

次に歩道橋を配置。

[6-4]組み立て

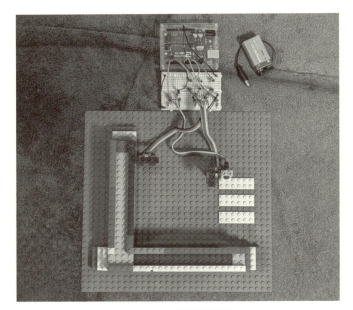

図6-4-3　歩道橋を配置

最後に配線します。

図6-4-4　配線

　LEDへの配線は**本章**の**[6-5]**で行なうため、ここでは**ブロック設置のみでもOK**です。
　信号機の配置はマストですが、他のオブジェクト（人や車など）の設置は任意です。

6-5 電気配線

続いて電気配線をしていきます。順番に説明するので、説明に従って作業してください。
（本記事内の配線回路図はfritzingを用いて作成しています）

抵抗を配置する

ブレッドボード（穴のたくさん開いた白い板）に抵抗を配置していきます。

使用する抵抗

- 220Ω × 8個

キット付属の抵抗は抵抗貼り付けシールに抵抗値の記載があるため、**色による抵抗値識別ができなくても問題ありません。**

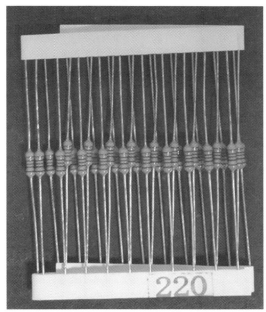

図6-5-1　今回使用する抵抗（220Ω抵抗器）

[6-5] 電気配線

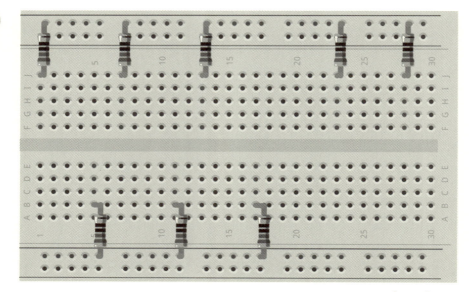

図6-5-2　ブレッドボードへの抵抗配置図

図6-5-2のように220Ω抵抗器をブレッドボードの穴に挿入してください。**抵抗に極性はない**ため、どちらのピンを差し込んでもOKです。

Arduinoとブレッドボードを接続する

ジャンパーワイヤ（オス-オス）を使って、穴にピンを差し込んで接続します。

LED点灯色に合わせたワイヤ色を選定すると、配線間違えリスクを減らすことができます。

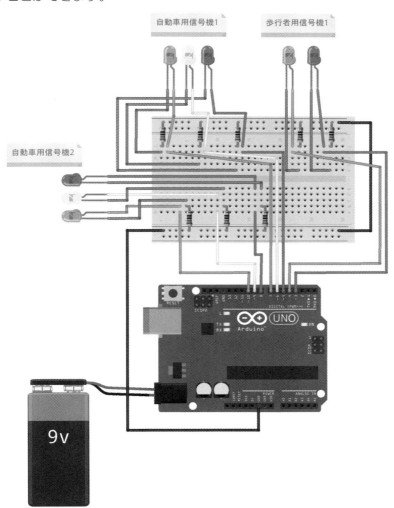

図6-5-3　Arduinoとブレッドボードの配線接続説明図

[6-5] 電気配線

- **デジタル入出力割り当て**

0：未使用
1：未使用
2：未使用
3：歩行者信号機①(赤)出力
4：歩行者信号機①(緑)出力
5：自動車信号機①(赤)出力
6：自動車信号機①(黄)出力
7：自動車信号機①(緑)出力
8：自動車信号機②(赤)出力
9：自動車信号機②(黄)出力
10：自動車信号機②(緑)出力
11：未使用
12：未使用
13：未使用

LEDに配線する

LEDは電流を流すと発光する電子部品で「**発光ダイオード**」のことを言います。

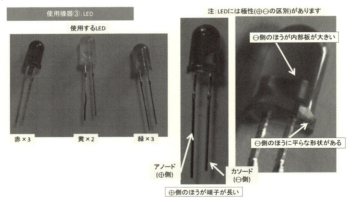

図6-5-4　使用するLEDの種類とLEDの極性説明図

LEDには極性(⊕⊖の区別)がありますが、写真のように目視で識別する方法があります。

極性の接続を間違えると、**LEDは点灯しない**ので注意してください。

*

各LEDへの配線は次のようになります。

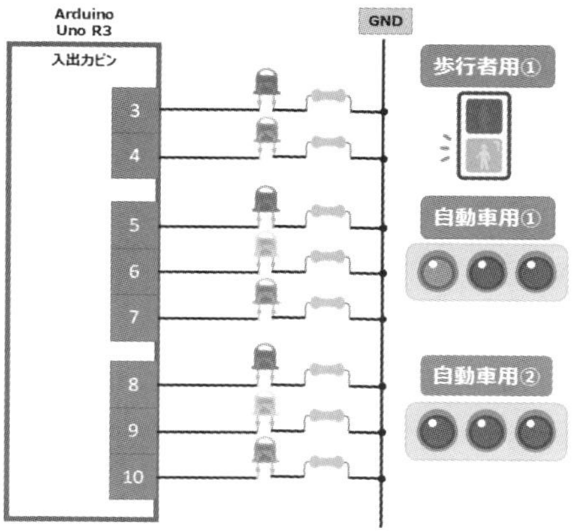

図6-5-5　各LEDへの配線図

　上記説明図を参照し、配線を行なってください。
　各LEDとブレッドボードの接続にはデュポンワイヤ（メス-オス）を使用します。

　デュポンワイヤはワイヤ同士が接着されていますが、簡単に裂けるので必要な本数ずつに分けてください。
　LED側がメスで、ブレッドボード側がオスになります。

デュポンワイヤの必要本数

- ・ブレッドボード～自動車信号機1　6本
- ・ブレッドボード～歩行者信号機1　6本
- ・ブレッドボード～自動車信号機2　4本

| Column | Arduino駆動電源を供給する |

パソコンからArduino本体へUSBケーブル経由で電源供給できない場合は、スナップケーブル経由でDC9V電池から電源を供給します。

[6-5] 電気配線　99

6-6 プログラミング

プログラムを作成

開発ソフトウェア「Arduino IDE」を使って、プログラミングを行ないます。

リスト6-6-1のプログラムを使用してください（本書のサポートページからダウンロードいただけます）。

リスト6-6-1　信号機制御プログラム

```
/* 作品名：「信号機」*/
/* 作成者：せでぃあ https://cediablog.com */


int led_R1X = 3;    //歩行者信号機1：赤の入力ピン割り当て
int led_G1X = 4;    //歩行者信号機1：緑の入力ピン割り当て


int led_R1A = 5;    //自動車信号機1：赤の入力ピン割り当て
int led_Y1A = 6;    //自動車信号機1：黄の入力ピン割り当て
int led_G1A = 7;    //自動車信号機1：緑の入力ピン割り当て


int led_R2A = 8;    //自動車信号機2：赤の入力ピン割り当て
int led_Y2A = 9;    //自動車信号機2：黄の入力ピン割り当て
int led_G2A = 10;   //自動車信号機2：緑の入力ピン割り当て


int i = 0;   //繰り返し変数

void setup() {
    // プログラム実行時に1度だけ処理される回路
    //  入出力の割り当て
    pinMode(led_R1X, OUTPUT);   //3番ピンは出力として使用
    pinMode(led_G1X, OUTPUT);   //4番ピンは出力として使用
    pinMode(led_G1A, OUTPUT);   //5番ピンは出力として使用
    pinMode(led_Y1A, OUTPUT);   //番ピンは出力として使用
    pinMode(led_R1A, OUTPUT);   //7番ピンは出力として使用
    pinMode(led_G2A, OUTPUT);   //8番ピンは出力として使用
    pinMode(led_Y2A, OUTPUT);   //9番ピンは出力として使用
```

```
    pinMode(led_R2A, OUTPUT);    //10番ピンは出力として使用

    //出力の初期化処理(すべてのLEDを消灯させる)
    digitalWrite(led_R1X, LOW);
    digitalWrite(led_G1X, LOW);
    digitalWrite(led_G1A, LOW);
    digitalWrite(led_Y1A, LOW);
    digitalWrite(led_R1A, LOW);
    digitalWrite(led_G2A, LOW);
    digitalWrite(led_Y2A, LOW);
    digitalWrite(led_R2A, LOW);
}

void loop() {
    // プログラム実行後、繰り返し処理される回路

    //信号点灯モードの切り替わりシーケンスプログラム
    /* モード1・・・信号機1が緑点灯 */
    digitalWrite(led_G1A, HIGH);   //信号機1:緑 点灯
    digitalWrite(led_R1A, LOW);    //信号機1:赤 消灯
    digitalWrite(led_R1X, LOW);    //歩行者:赤 消灯
    digitalWrite(led_G1X, HIGH);   //歩行者:緑 点灯
    digitalWrite(led_R2A, HIGH);   //信号機2:赤 点灯
    delay(10000);                  //10秒ウェイト

    /* モード2・・・信号機1の歩行者信号が緑点滅 */
    //歩行者信号の緑点滅回路(0.25秒間隔)
    for (i = 0; i <= 10; i++) {
      digitalWrite(led_G1X, LOW);
      delay(250);
      digitalWrite(led_G1X, HIGH);
      delay(250);
    }
    /* モード3・・・信号機1の歩行者信号が赤点灯 */
    digitalWrite(led_R1X, HIGH);   //歩行者:赤 点灯
    digitalWrite(led_G1X, LOW);    //歩行者:緑 消灯
    delay(1500);                   //1.5秒ウェイト
```

[6-6]プログラミング

```
/* モード4・・・信号機1が黄点灯 */
digitalWrite(led_G1A, LOW);      //信号機1：緑 消灯
digitalWrite(led_Y1A, HIGH);     //信号機1：黄 点灯
delay(2500);                     //2.5秒ウェイト

/* モード5・・・信号機1が赤点灯 */
digitalWrite(led_Y1A, LOW);      //信号機1：黄 消灯
digitalWrite(led_R1A, HIGH);     //信号機1：赤 点灯
delay(2500);                     //2.5秒ウェイト

/* モード6・・・信号機2が緑点灯 */
digitalWrite(led_G2A, HIGH);     //信号機2：緑 点灯
digitalWrite(led_R2A, LOW);      //信号機2：赤 消灯
delay(10000);                    //10秒ウェイト

/* モード7・・・信号機2が黄点灯 */
digitalWrite(led_G2A, LOW);      //信号機2：緑 消灯
digitalWrite(led_Y2A, HIGH);     //信号機2：黄 点灯
delay(2500);                     //2.5秒ウェイト

/* モード8・・・信号機2が赤点灯 */
digitalWrite(led_Y2A, LOW);      //信号機2：黄 消灯
digitalWrite(led_R2A, HIGH);     //信号機2：赤 点灯
delay(2500);                     //2.5秒ウェイト
}
```

検証

プログラムのコピペが完了したら、検証作業を行ないます。
左上の[✓]ボタンを押して、検証を実行してください。

図6-6-1　[✓]ボタンを押す

検証が正常に完了すると、以下の画面になります。

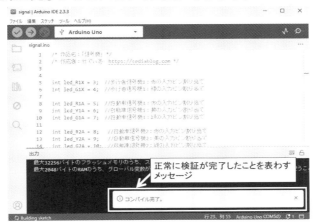

図6-6-2　検証が正常終了した画面

Arduino本体にプログラムを転送

図6-6-3　USBポート接続部の説明写真

写真の②USBポートとパソコンをケーブルで接続します。

Arduino IDE画面右上の「⇒」（マイコンボードに書き込む）ボタンを押して、プログラムを書き込みます。

書き込みが完了すると、そのままプログラムが実行されます。

USBケーブルはArduinoへの給電にも使用するため、パソコンからArduinoに電源供給する場合はプログラム転送が完了してもケーブル接続したままにしてください。

また、パソコンと接続できない環境でArduinoに電源供給する場合は、スナップケーブル経由でDC9V電池から電源供給します。

mBlockを用いたビジュアルプログラミング

　mBlockを使ってプログラミングしたい方は、次図の通りにブロック配置することでArduino IDEプログラムと同一の信号機動作をさせることができます。

図6-6-4　mBlockを用いた信号機プログラミング

6-7 動作確認

各信号機のランプ点灯が、信号機の点灯になっているか確認します。
点灯しないときは以下のポイントを確かめてみてください。

ランプが点灯しないときの確認ポイント

・LEDへの配線は極性を間違えていないか？
・配線が抜けかけていたり、抜けていないか？
・ブレッドボード電源線⊕⊖への配線間違いはないか？

うまくいかないときは、落ち着いて対応することが大切です。、

6-8 完成！

完成おめでとうございます！
　結束バンドで配線を縛ってまとめたり、車や草木を配置して見栄えを良くしてもいいですね。

図6-8-1　完成した信号機

第7章 ビジュアルプログラミングを使った信号機制御プログラムの作り方

本章では、Arduinoを使った信号機電子工作「信号機」の設計手法について紹介します。

小学生やプログラミング初心者でも理解できるようやさしく、丁寧に解説しています。

小学生やプログラミングが苦手な方には、ブロックプログラミングの活用がお勧めです。

筆者	せでぃあ
サイト名	電気屋ときどき何でも屋
URL	https://cediablog.com/arduinosignalsekkei/
記事名	Arduinoアイデアレゴ電子工作｜ビジュアルプログラミング使った信号機制御プログラムの作り方[※]

7-1 電子工作「信号機」とは

私が当時小6の息子と一緒に、夏休みの課題研究テーマとして作った工作です（詳しくは**6章**を参照）。

図7-1-1　電子工作「信号機」

※本章はブログ記事「小学生の自由研究に！レゴとArduinoで作るアイデア電子工作「信号機」」をベースに下記の動画の内容も加味して加筆・修正しています。

夏休みの自由研究に！「信号機」の電子工作を作ってみよう！【ソフト設計編】
https://youtu.be/IEQbmmFj_VA

機器構成

この工作は大きく分けて3つの機器で構成されています。

工作を構成する3つの機器

- 自動車用信号機1
- 歩行者用信号機1
- 自動車用信号機2

図7-1-2　信号機工作の機器構成

誰もが動作を知っている信号機がテーマであり、ONかOFFのデジタル信号しか使わないのでプログラミング初心者にお勧めの工作テーマです。

7-2 設計方法

信号機の点灯モード（パターン）を考える

今回扱う信号機の点灯モード（パターン）は、全部で8通り存在します。

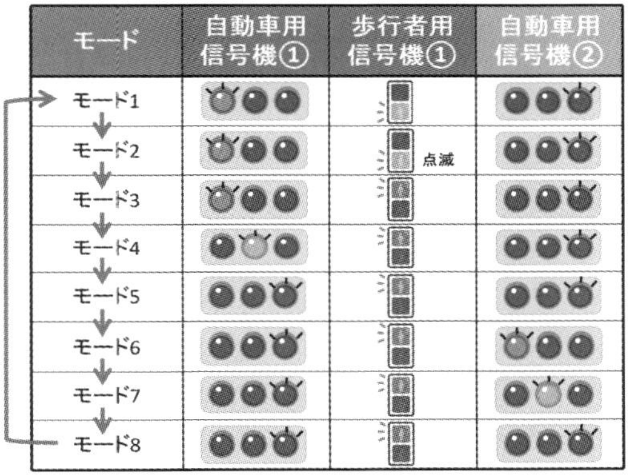

図7-2-1　信号機の点灯パターン

モード8まで動作が行なわれた後は、再びモード1に戻ってモード8までの動作が繰り返されます。

何度も繰り返し処理されることを「**ループ処理**」といいます。

出力情報を整理する

出力情報は以下のように整理できます。

出力情報（8点）

- ・歩行者信号機1【赤信号】
- ・歩行者信号機1【緑信号】
- ・自動車信号機1【赤信号】
- ・自動車信号機1【黄信号】
- ・自動車信号機1【緑信号】
- ・自動車信号機2【赤信号】
- ・自動車信号機2【黄信号】
- ・自動車信号機2【緑信号】

[7-2] 設計方法　**109**

Arduinoのピン割り当てを考える

本工作では「電源関係」と「0～13番ピンのデジタル入出力」ソケットのみ使用します。

図7-2-2　各ソケットの機能（fritzingを用いて作成）

今回使用するソケット機能

- 電源：GND
- 出力：3～10番

*

次に、各ソケットと電子パーツの割り当てを行ないます。

出力情報

- 歩行者信号機1【赤信号】：3番ピン
- 歩行者信号機1【緑信号】：4番ピン
- 自動車信号機1【赤信号】：5番ピン
- 自動車信号機1【黄信号】：6番ピン
- 自動車信号機1【緑信号】：7番ピン
- 自動車信号機2【赤信号】：8番ピン

- 自動車信号機2【黄信号】：9番ピン
- 自動車信号機2【緑信号】：10番ピン

　プログラムと使用ソケット番号が一致していれば、ソケット番号の割り当ては自由です。

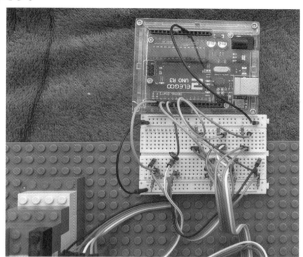

図7-2-3　Arduinoから各機器への配線状態

7-3 プログラミング方法（Arduino IDE）

統合開発ソフトウェア「Arduino IDE」を使って、プログラミングします。

ソフトウェアのインストールがまだできていない方は、**第2章**を参照してセットアップしてください。

Arduino IDEでのプログラミング方法

プログラムの構成は、基本的に3つに分けられます。

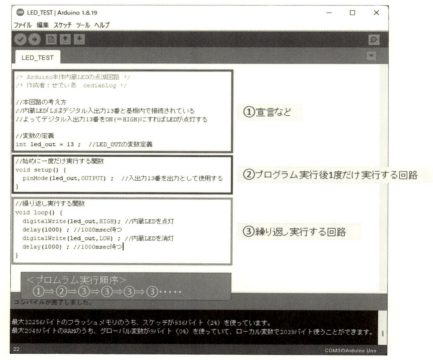

図7-3-1　プログラムの基本構成

プログラムの基本構成

- 宣言やコメントエリア
- プログラム実行後、1度だけ実行される関数
- 繰り返し実行される関数

プログラムのソースコード

Arduino IDEでのソースコードを以下に示します。
ソースコードは本書のサポートページからダウンロードできます。

リスト7-3-1　プログラムによる信号制御

```
/* 作品名:「信号機」 */
/* 作成者:せでぃあ  https://cediablog.com */


int led_R1X = 3;    //歩行者信号機1:赤の入力ピン割り当て
int led_G1X = 4;    //歩行者信号機1:緑の入力ピン割り当て


int led_R1A = 5;    //自動車信号機1:赤の入力ピン割り当て
int led_Y1A = 6;    //自動車信号機1:黄の入力ピン割り当て
int led_G1A = 7;    //自動車信号機1:緑の入力ピン割り当て


int led_R2A = 8;    //自動車信号機2:赤の入力ピン割り当て
int led_Y2A = 9;    //自動車信号機2:黄の入力ピン割り当て
int led_G2A = 10;   //自動車信号機2:緑の入力ピン割り当て


int i = 0;   //繰り返し変数

void setup() {
  // プログラム実行時に1度だけ処理される回路
  //  入出力の割り当て
  pinMode(led_R1X, OUTPUT);   //3番ピンは出力として使用
  pinMode(led_G1X, OUTPUT);   //4番ピンは出力として使用
  pinMode(led_G1A, OUTPUT);   //5番ピンは出力として使用
  pinMode(led_Y1A, OUTPUT);   //番ピンは出力として使用
  pinMode(led_R1A, OUTPUT);   //7番ピンは出力として使用
  pinMode(led_G2A, OUTPUT);   //8番ピンは出力として使用
  pinMode(led_Y2A, OUTPUT);   //9番ピンは出力として使用
  pinMode(led_R2A, OUTPUT);   //10番ピンは出力として使用

  //出力の初期化処理 (すべてのLEDを消灯させる)
  digitalWrite(led_R1X, LOW);
  digitalWrite(led_G1X, LOW);
```

[7-3]プログラミング方法(Arduino IDE)　**113**

```
  digitalWrite(led_G1A, LOW);
  digitalWrite(led_Y1A, LOW);
  digitalWrite(led_R1A, LOW);
  digitalWrite(led_G2A, LOW);
  digitalWrite(led_Y2A, LOW);
  digitalWrite(led_R2A, LOW);
}

void loop() {
  // プログラム実行後、繰り返し処理される回路

  //信号点灯モードの切り替わりシーケンスプログラム
  /* モード1・・・信号機1が緑点灯 */
  digitalWrite(led_G1A, HIGH);   //信号機1：緑 点灯
  digitalWrite(led_R1A, LOW);    //信号機1：赤 消灯
  digitalWrite(led_R1X, LOW);    //歩行者：赤 消灯
  digitalWrite(led_G1X, HIGH);   //歩行者：緑 点灯
  digitalWrite(led_R2A, HIGH);   //信号機2：赤 点灯
  delay(10000);                  //10秒ウェイト

  /* モード2・・・信号機1の歩行者信号が緑点滅 */
  //歩行者信号の緑点滅回路(0.25秒間隔)
  for (i = 0; i <= 10; i++) {
    digitalWrite(led_G1X, LOW);
    delay(250);
    digitalWrite(led_G1X, HIGH);
    delay(250);
  }
  /* モード3・・・信号機1の歩行者信号が赤点灯 */
  digitalWrite(led_R1X, HIGH);   //歩行者：赤 点灯
  digitalWrite(led_G1X, LOW);    //歩行者：緑 消灯
  delay(1500);                   //1.5秒ウェイト

  /* モード4・・・信号機1が黄点灯 */
  digitalWrite(led_G1A, LOW);    //信号機1：緑 消灯
  digitalWrite(led_Y1A, HIGH);   //信号機1：黄 点灯
  delay(2500);                   //2.5秒ウェイト
```

```
/* モード5・・・信号機1が赤点灯 */
digitalWrite(led_Y1A, LOW);    //信号機1：黄 消灯
digitalWrite(led_R1A, HIGH);   //信号機1：赤 点灯
delay(2500);                   //2.5秒ウェイト

/* モード6・・・信号機2が緑点灯 */
digitalWrite(led_G2A, HIGH);   //信号機2：緑 点灯
digitalWrite(led_R2A, LOW);    //信号機2：赤 消灯
delay(10000);                  //10秒ウェイト

/* モード7・・・信号機2が黄点灯 */
digitalWrite(led_G2A, LOW);    //信号機2：緑 消灯
digitalWrite(led_Y2A, HIGH);   //信号機2：黄 点灯
delay(2500);                   //2.5秒ウェイト

/* モード8・・・信号機2が赤点灯 */
digitalWrite(led_Y2A, LOW);    //信号機2：黄 消灯
digitalWrite(led_R2A, HIGH);   //信号機2：赤 点灯
delay(2500);                   //2.5秒ウェイト
```

プログラム内容の説明

宣言文

図7-3-1の「①宣言文」の内容は以下の通りです。

```
/* 作品名：「信号機」*/
/* 作成者：せでぃあ https://cediablog.com */

int led_R1X = 3;    //歩行者信号機1：赤の入力ピン割り当て
int led_G1X = 4;    //歩行者信号機1：緑の入力ピン割り当て

int led_R1A = 5;    //自動車信号機1：赤の入力ピン割り当て
int led_Y1A = 6;    //自動車信号機1：黄の入力ピン割り当て
int led_G1A = 7;    //自動車信号機1：緑の入力ピン割り当て

int led_R2A = 8;    //自動車信号機2：赤の入力ピン割り当て
int led_Y2A = 9;    //自動車信号機2：黄の入力ピン割り当て
int led_G2A = 10;   //自動車信号機2：緑の入力ピン割り当て

int i = 0;    //繰り返し変数
```

覚書コメント（プログラム内で無視される文字列）
「/*コメント*/」でコメント扱いになります

変数の代入を行ないます
後のプログラムでどんな機能のソケット番号か
分かるように割り当てをします

例：led_G1A = 7；//信号機1の緑LEDランプ
「//」以降はコメント扱いになります

歩行者用緑信号の点滅回路で使用する
「点滅回数変数」に「0」を割り当てます
※変数の初期化処理といいます

図7-3-2　宣言文

　変数へのピン番号代入は絶対に必要というわけではありませんが、後の命令で使うときに「どのランプに対しての命令なのか」が分かりやすくなります。

ポイント解説

・初めにプログラム作成者などの「覚書」をコメントとして記入する
・使用するソケット番号を変数に代入する
・プログラムで使用する「変数名」と「データ型」を宣言し0を代入する

　変数に0を入力することを「初期化」といいます。

| Column | 変数の初期化が必要な理由 |

　プログラムの世界では、「データにはどんな数値が入っているか分からない」という前提で考えます。

　初期データが0であるとは限らないため、確実に0という数値が入っていてほしい場合は0を代入する初期化処理を行ないます。

一度だけ実行する回路「setup()」関数

「②一度だけ実行する回路」は次のようになっています。

```
void setup() {
  // プログラム実行時に1度だけ処理される回路
  //  入出力の割り当て
  pinMode(led_R1X, OUTPUT);   //3番ピンは出力として使用
  pinMode(led_G1X, OUTPUT);   //4番ピンは出力として使用
  pinMode(led_G1A, OUTPUT);   //5番ピンは出力として使用
  pinMode(led_Y1A, OUTPUT);   //番ピンは出力として使用
  pinMode(led_R1A, OUTPUT);   //7番ピンは出力として使用
  pinMode(led_G2A, OUTPUT);   //8番ピンは出力として使用
  pinMode(led_Y2A, OUTPUT);   //9番ピンは出力として使用
  pinMode(led_R2A, OUTPUT);   //10番ピンは出力として使用

  //出力の初期化処理(すべてのLEDを消灯させる)
  digitalWrite(led_R1X, LOW);
  digitalWrite(led_G1X, LOW);
  digitalWrite(led_G1A, LOW);
  digitalWrite(led_Y1A, LOW);
  digitalWrite(led_R1A, LOW);
  digitalWrite(led_G2A, LOW);
  digitalWrite(led_Y2A, LOW);
  digitalWrite(led_R2A, LOW);
}
```

デジタル入出力ソケットは「入力」「出力」
どちらでも使用することができます
どちらの機能として使用するか宣言します
INPUT:入力 ※今回使用しません
OUTPUT:出力

出力として使用するソケット番号に対して
初期の状態「ONなのかOFFなのか」を設定します
LOW:OFF(LEDの場合は消灯)
HIGH:ON(LEDの場合は点灯)

図7-3-3　一度だけ実行演算されるプログラム説明

ポイント解説

・デジタル入出力ソケット番号に対して、「入力」「出力」どちらの機能で使うのか
　宣言する
・出力として使用するソケットは、初期の状態「LOW か HIGH」を代入する

[7-3]プログラミング方法（Arduino IDE）　117

繰り返し実行する回路「loop()」関数

最後は「③繰り返し実行する回路」です。

```
void loop() {
  // プログラム実行後、繰り返し処理される回路

  //信号点灯モードの切り替わりシーケンスプログラム
  /* モード1・・・信号機1が緑点灯 */
  digitalWrite(led_G1A, HIGH);   //信号機1：緑 点灯
  digitalWrite(led_R1A, LOW);    //信号機1：赤 消灯
  digitalWrite(led_R1X, LOW);    //歩行者：赤 消灯
  digitalWrite(led_G1X, HIGH);   //歩行者：緑 点灯
  digitalWrite(led_R2A, HIGH);   //信号機2：赤 点灯
  delay(10000);                  //10秒ウェイト

  /* モード2・・・信号機1の歩行者信号が緑点滅 */
  //歩行者信号の緑点滅回路(0.25秒間隔)
  for (i = 0; i <= 10; i++) {
    digitalWrite(led_G1X, LOW);
    delay(250);
    digitalWrite(led_G1X, HIGH);
    delay(250);
  }
  /* モード3・・・信号機1の歩行者信号が赤点灯 */
  digitalWrite(led_R1X, HIGH);   //歩行者：赤 点灯
  digitalWrite(led_G1X, LOW);    //歩行者：緑 消灯
  delay(1500);                   //1.5秒ウェイト

  /* モード4・・・信号機1が黄点灯 */
  digitalWrite(led_G1A, LOW);    //信号機1：緑 消灯
  digitalWrite(led_Y1A, HIGH);   //信号機1：黄 点灯
  delay(2500);                   //2.5秒ウェイト

  /* モード5・・・信号機1が赤点灯 */
  digitalWrite(led_Y1A, LOW);    //信号機1：黄 消灯
  digitalWrite(led_R1A, HIGH);   //信号機1：赤 点灯
  delay(2500);                   //2.5秒ウェイト

  /* モード6・・・信号機2が緑点灯 */
  digitalWrite(led_G2A, HIGH);   //信号機2：緑 点灯
  digitalWrite(led_R2A, LOW);    //信号機2：赤 消灯
  delay(10000);                  //10秒ウェイト

  /* モード7・・・信号機2が黄点灯 */
  digitalWrite(led_G2A, LOW);    //信号機2：緑 消灯
  digitalWrite(led_Y2A, HIGH);   //信号機2：黄 点灯
  delay(2500);                   //2.5秒ウェイト

  /* モード8・・・信号機2が赤点灯 */
  digitalWrite(led_Y2A, LOW);    //信号機2：黄 消灯
  digitalWrite(led_R2A, HIGH);   //信号機2：赤 点灯
  delay(2500);                   //2.5秒ウェイト
}
```

モード	自動車用 信号機①	歩行者用 信号機	自動車用 信号機②
モード1			

モード1　各ランプ点灯状態を代入します
ランプの点灯時間をdelay()関数で指定します

モード2　点滅
歩行者緑信号を点滅させる回路です
delay()関数を用いて0.25秒間隔で点滅させます

モード3
歩行者緑信号を消灯し、赤信号を点灯させます
次の動作まで1.5秒待たせます

モード4　信号機1
信号機1の緑を消灯し、黄を点灯させます
次の動作まで2.5秒待たせます

モード5　信号機1
信号機1の黄を消灯し、赤を点灯させます
次の動作まで2.5秒待たせます

モード6　信号機2
信号機2の赤が消灯し、緑を点灯させます
次の動作まで10秒待たせます

モード7　信号機2
信号機2の緑を消灯し、黄を点灯させます
次の動作まで2.5秒待たせます

モード8　信号機2
信号機2の黄を消灯し、赤を点灯させます
次の動作まで2.5秒待たせます

図7-3-4　繰り返し実行演算されるプログラム説明

ポイント解説

- ・モード1は全ランプの点灯条件を指示する
- ・その他のモードについては、ひとつ前のモードから点灯状態が変化するランプ
  に対してのみ点灯消灯指示をする
- ・現在のモードを維持する時間はdelay()関数で指定する
- ・定期的に繰り返し処理を行なう場合はfor文を使う

今回使用した命令文

今回使った命令文は以下の通りです。

今回使用した命令文

- ・変数のデータ型指定
- ・pinMode(入出力番号,INPUTまたはOUTPUT)
- ・digitalWrite(入出力番号,LOWまたはHIGH)
- ・delay(時間)
- ・for文
- ・比較演算子

変数のデータ型指定

変数のデータ型を指定するものです。

表7-3-1　変数のデータ型

データ型	説　明	扱える範囲
int	2バイトの整数を代入可能	-32768～32767
long	4バイトの整数を代入可能	-2、147、483、648～2、147、483、647
float	4バイトの小数を代入可能	3.4028235×1038～-3.4028235×1038
char	1バイトの値を代入可能 文字列の代入に利用されます	-128～127
boolean	0または1のみ代入可能 フラグのON-OFFなどに利用されます	0,1

データ型の前に「unsigned」を付けると、正の値のみ扱うことができます。
負の数を扱う場合と比較して倍の数を扱えます(boolean型は指定不可)。

pinMode(入出力番号,INPUTまたはOUTPUT)

指定したデジタル入出力ソケット番号の機能を指示します。

入力として使用する場合は「**INPUT**」、出力の場合は「**OUTPUT**」を指定します。

[7-3]プログラミング方法(Arduino IDE)　**119**

digitalWrite（入出力番号,HIGHまたはLOW）

指定したデジタル入出力ソケット番号の電圧をON、またはOFFします。
ONさせたいときは「**HIGH**」、OFFさせたいときは「**LOW**」を指定します。

delay（時間）

（）内で指定した時間（単位はmsec）だけ、プログラム実行を待たせます。
今回のプログラムではモード切り替わりまでの時間（信号ランプ点灯時間）
をこの命令文で制御しています。

マイクロ秒単位で指定したい場合は、delayMcroseconds（時間）を使
います。

for文

初期値から加算値を加算しながら実行分を繰り返します。
条件式が成立すると繰り返し動作が終了します。

リスト7-3-2　for文

```
for（初期化 ； 条件式 ； 加算）{
  実行される文 ；
}
```

比較演算子

ＡとＢに対する比較演算子の使用例は以下の通りです。

表7-3-2　比較演算子の説明

比較演算子	説　明
A == B	ＡとＢが等しい場合に成立
A != B	ＡとＢが等しくない場合に成立
A < B	ＡがＢより小さい場合に成立
A <= B	ＡがＢ以下の場合に成立
A > B	ＡがＢより大きい場合に成立
A >= B	ＡがＢ以上の場合に成立

7-4 プログラミング方法（mBlock）

プログラム設計する

mBlockでのプログラムは次のようになっています※。

※アップロードモードは「オン」にしてください。

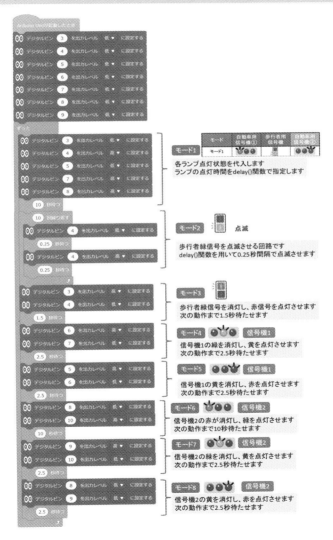

図7-4-1　mBlockで作った「信号機」のプログラム説明

手順　プログラム転送

1 パソコンとArduino本体をUSBケーブルで接続する。

パソコンとArduino本体を接続

2 mBlock画面左下の[接続]をクリックします。

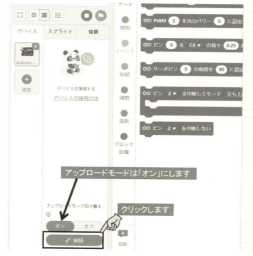
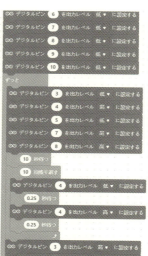

[接続]をクリック

第7章 ビジュアルプログラミングを使った信号機制御プログラムの作り方

3 [すべての接続可能なデバイスを表示する]にチェックをいれて、[接続]をクリックします。

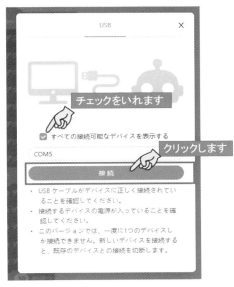

[接続]をクリック

4 画面左下のアップロードモードボタンをクリックしてArduinoにプログラムデータを転送します。

プログラムデータを転送

5 アップロードが完了するまで待ちます。

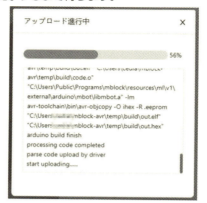

完了まで待つ

6 プログラムアップデートが完了すると同時に転送したプログラムが実行されます。

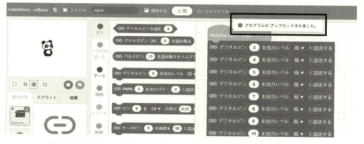

プログラムアップデート完了と同時にプログラムが実行される

ポイント解説

- 「ずっと」で指定された範囲は、繰り返し演算される
- ブロックの組み合わせだけで、ArduinoIDEプログラミングでの動作を再現できる
- アップロードモードを「オン」でプログラムを作ってArduinoに転送すればArduino側での演算処理が可能。

ブロックを選んでくっつけるだけでプログラミングできます。

付録

Arduino専用ブロックの使い方

　Arduinoをプログラミングする方法として、機能ブロックを組み合わせるビジュアルプログラミングがあります。

　ここではスクラッチベースのプログラミングツールであるmBlockにおける、Arduino専用ブロックの機能と使い方について説明します。

筆者	●せでぃあ
サイト名	●電気屋ときどき何でも屋
URL	●https://cediablog.com/mblockblock/
記事名	●【mBlock】Arduino専用ブロックの使い方　スクラッチベースのプログラミング

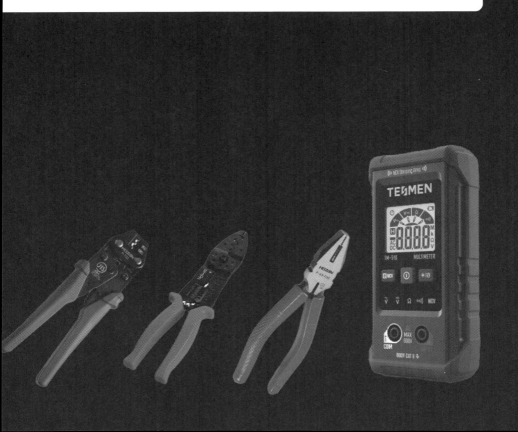

A-1 Arduino専用ブロックの種類と使い方

　mBlockにおけるArduino専用ブロックは、4つの専用カテゴリ内に合計20種類あります。

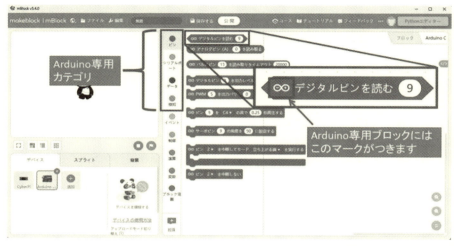

図A-1-1　mBlockにおけるArduino専用ブロックは全部で20種類存在する

Arduino専用カテゴリ

- ピン
- シリアルポート
- データ
- 検知

ピンカテゴリ

ピンカテゴリには、9種類のArduino専用ブロックが存在します。

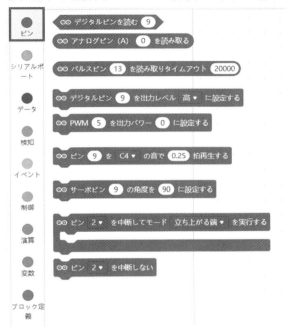

図A-1-2　ピンカテゴリブロック一覧

ピンカテゴリ内の専用ブロック

- デジタル入力状態ブロック
- アナログ入力ブロック
- 入力HIGH時間計測ブロック
- デジタル出力命令ブロック
- PWM出力命令ブロック
- 音階出力ブロック
- サーボ出力指令ブロック
- 外部割り込み命令ブロック
- 外部割り込み停止ブロック

デジタル入力状態ブロック

　対象となるソケット番号の入力状態を取得するためのブロックになります。
　このブロックを選択すると「入力信号なし＝0」「入力信号あり＝1」のどちらかの値が返ってきます。

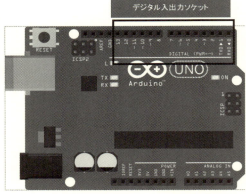

図A-1-3　デジタル入力状態ブロック

　このブロックは、主に「もし〇番ソケット入力信号がONだったら〜」というような条件設定で使われます。
　ソケットへの入力信号状態を条件とすることで、「もし押しボタンスイッチが押されたら〜」という条件を作ることができます。

アナログ入力ブロック

Arduino本体のアナログ入力ソケットへのアナログ入力信号を取り込むブロックです。

アナログ入力ソケット「A0〜A5」に対応した数値「0〜5」を入力して使います。

アナログ入力ソケットに入力される**電圧値「0〜5V」をアナログ値「0〜1023」に変換**して、Arduino内部で数値化します。

図A-1-4　アナログ入力ブロック

このブロックは主に「もしアナログ入力値が○○以上だったら〜」というような比較演算を用いた条件設定で使われます。

明るさセンサのアナログ入力値を使って、部屋が暗くなったら照明を点灯させる等の使い方ができます。

[A-1] Arduino専用ブロックの種類と使い方

入力HIGH時間計測ブロック

指定したソケット番号の入力信号がHIGHになっている時間を計測するブロックです。

値はマイクロ秒単位で返ってきます。

タイムアウト時間を経過すると0が返されます。

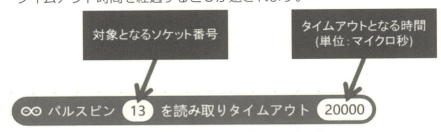

図A-1-5　入力HIGH時間計測ブロック

デジタル出力命令ブロック

指定したソケットに対して出力信号「OFF＝低(LOW)、ON＝高(HIGH)」を指定するブロックです。

Arduinoプログラミングでは「出力信号OFF＝LOW」、「出力信号ON＝HIGH」として指定します。

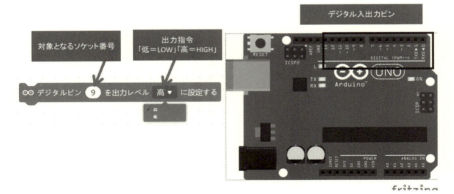

図A-1-6　デジタル出力命令ブロック

このブロックは主に、「もし○○が△△だったら、□番ソケットの出力信号をHIGHにする」といった使われ方をします。

たとえば、「押しボタンスイッチが押されたときに、LEDを点灯させる」といった使われ方になります。

PWM出力命令ブロック

指定したソケットを指定した値でPWM出力させるブロックです。

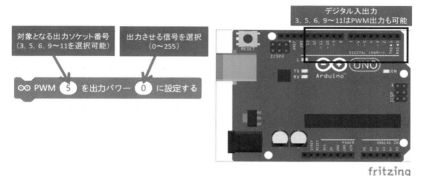

図A-1-7　PWM出力命令ブロック

PWM出力とは**パルス変調**（PWM：Pulse Width Modulation）の略で、0Vと5VのON時間の割合を調節することで、疑似的なアナログ出力ができる機能のことです

PWM出力値は**アナログ値「0〜255」を電圧値「0〜5V」に変換**して出力されます。

アナログ入力で扱う範囲「0〜1023」と扱う範囲が異なることに注意しましょう。

あらかじめ準備した変数に値（0〜255の範囲）を代入して、その値を出力させるという使い方ができます。

変数を使わずに直接0〜255の数値を指定しても問題ありません。

音階出力ブロック

圧電ブザーやスピーカーを接続して、指定した音階の音を出すことができるブロックです。

音階出力ピンを入力し、音階とオクターブと鳴動時間を選択・設定してください。

内部的には指定した音階に応じた、周波数の50%デューティー矩形波を作り出しています。

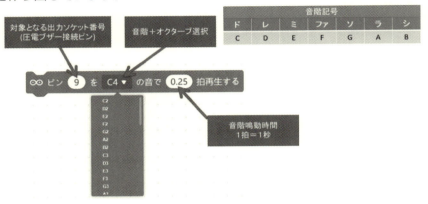

図A-1-8　音階出力ブロック

サーボ出力指令ブロック

指定した角度にモータの回転角度を制御することが可能な「**サーボモータ制御用ブロック**」です。

モータに接続した出力ソケット番号と、回転させたい角度を指定することで狙った角度（0〜180°）まで回転させることができます。

サーボモータの角度は、PWM信号でHIGH＝5Vとなっている時間（パルス幅といいます）によって制御します。

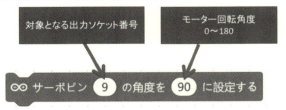

図A-1-9　サーボ出力指令ブロック

外部割り込み命令ブロック

特定の条件が成立したときに、割り込み制御させるブロックです。
エンコーダ読み取りなど、演算途中に割り込んで信号取りこぼしを回避したいときに利用されます。

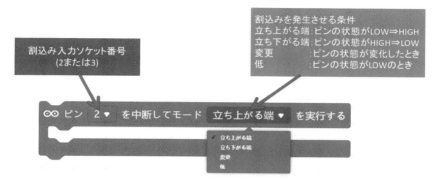

図A-1-10　外部割り込み命令ブロック

外部割り込み停止ブロック

指定したソケット番号の外部割り込み動作を停止させるブロックです。

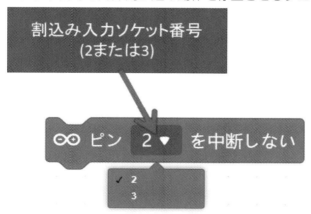

図A-1-11　外部割り込み停止ブロック

シリアルポートカテゴリ

シリアルポートカテゴリには、3種類のArduino専用ブロックが存在します。

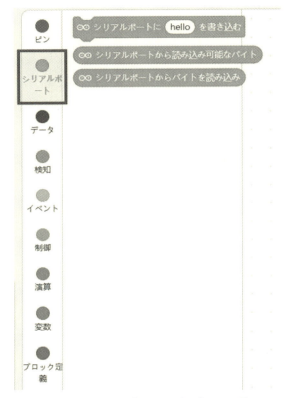

図A-1-12　シリアルポートカテゴリブロック一覧

シリアルポートカテゴリ内の専用ブロック

- 改行コード付きテキストデータ出力ブロック
- シリアルバッファ格納バイト数ブロック
- 受信データ読み込みブロック

改行コード付きテキストデータ出力ブロック

テキストデータをシリアルポートへ出力させるブロックです。
ボーレートは115200ビット/秒で処理されます

図A-1-13　改行コード付きテキストデータ出力ブロック

シリアルバッファ格納バイト数ブロック

シリアルバッファに何バイトのデータが格納されているか、返ってくるブロックです。

図A-1-14　シリアルバッファ格納バイト数ブロック

受信データ読み込みブロック

受信データを読み込むことができるブロックです。

図A-1-15　受信データ読み込みブロック

データカテゴリ

データカテゴリには、5種類のArduino専用ブロックが存在します。

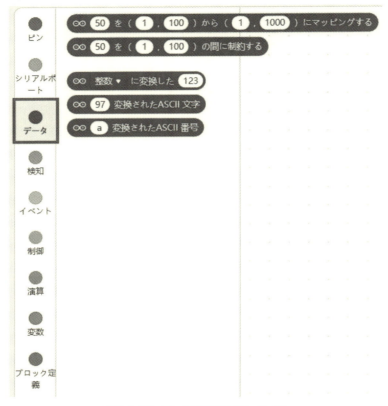

図A-1-16　データカテゴリブロック一覧

データカテゴリ内の専用ブロック

- 数値レンジ変換ブロック
- 数値レンジ制約ブロック
- データ型変換ブロック
- Char→String変換ブロック
- ASCII変換ブロック

数値レンジ変換ブロック

数値をある数値範囲から、別の範囲に変換させるブロックです。

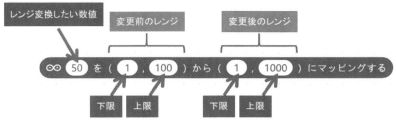

図A-1-17　数値レンジ変換ブロック

アナログ入力値「0～1023」をサーボモータの回転角度「0～180」に変換するときに便利なブロックです。

数値レンジ制約ブロック

数値を指定した範囲の中に収めるブロックです。

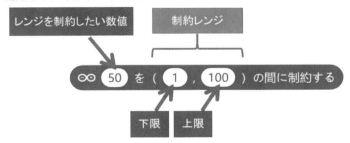

図A-1-18　数値レンジ制約ブロック

値が上下限内の場合はそのままの数値が返ってきますが、下限より小さい数値や上限より大きい数値のときは「下限値」または「上限値」が返ってきます。

データ型変換ブロック

値を「整数」「少数」「文字列」に変換することができるブロックです。

図A-1-19　データ型変換ブロック

String変換ブロック

String（文字列）に変換するブロックです。

図A-1-20　String変換ブロック

ASCII変換ブロック

ASCII文字に変換するブロックです。

図A-1-21　ASCII変換ブロック

検知カテゴリ

検知カテゴリには、3種類のArduino専用ブロックが存在します。

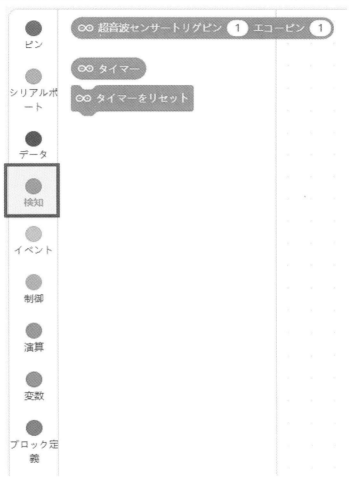

図A-1-22　検知カテゴリブロック一覧

検知カテゴリ内の専用ブロック

- 超音波センサによる距離取得ブロック
- タイマーブロック
- タイマーリセットブロック

超音波センサによる距離取得ブロック

超音波センサを使った距離計測に使うブロックです。
センサとの距離がcm単位で返ってきます。

図A-1-23　超音波センサによる距離取得ブロック

タイマーブロック

タイマー計測ができるブロックです。
マイクロ秒単位で値が返ってきます。

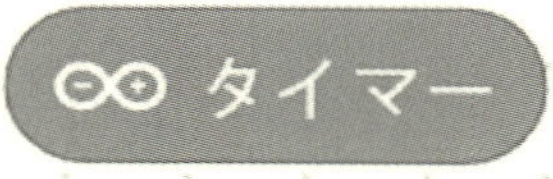

図A-1-24　タイマーブロック

タイマーリセットブロック

タイマー計測値を0リセットするブロックです。

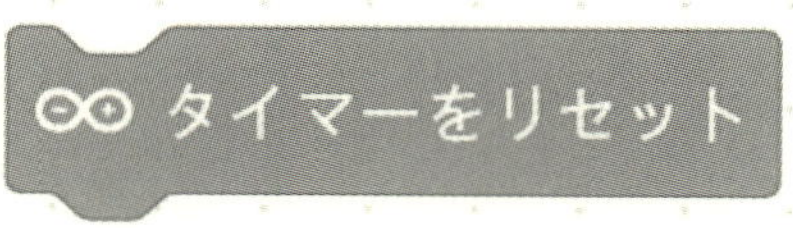

図A-1-25　タイマーリセットブロック

A-2 アップロードモードON時しか使えないブロック

　mBlockにはパソコンとArduinoを常時通信させて、データ値をモニタリングできるモードがあります。

図A-2-1　アップロードモードONのときしか使えないブロックがある

　このモードは「アップロードモードOFF」のときに有効となり、USBケーブルで通信接続するため演算が遅くなります。
　これによってマイクロ秒単位で演算が必要なブロックは使用できなくなるというわけです。
　高速演算が必要なブロックは、アップロードモードONで使いましょう。

索引

アルファベット順

《A》

ArduBlock	47
Arduino	8,23,38
Arduino IDE	24,85,112
Arduino IDE 2.3	24,30
Arduino IDE を実行する	28
Arduino UNO R3	23,33,89
Arduino UNO R4 Minima	24,35
Arduino UNO R4 WiFi	24,37
Arduino 駆動電源	99
Arduino との接続	59,62
Arduino との通信方法	51
Arduino 公式ダウンロードサイト	24
Arduino 専用ブロック	126

《D》

DC3V 回路の配線	75
DC6V 回路の配線	78
delay	120
digitalWrite	37,120

《E》

ELEGOO UNO R3 スターター互換キット	86,88

《F》

for 文	120

《J》

JUST DOWNLOAD	25

《L》

LED	90,98
loop()	118
L チカ	35

《M》

macOS	24,42
mBlock	37,38,64,105
mBlock で使える機器	47
mBlock のインストール	43
mBlock の画面構成	49
mBlock の起動	45
mBlock の使用方法	41
mBlock を実行	45
mBlock を使ったプログラミング	52
mBlock 公式サイト	42
micro:bit	39

《P》

PC 接続モニタリングモード	51
pinMode	119

《R》

Raspberry Pi	23,39

《S》

Scratch	38
Scrattino3	46,48,51
setup()	117

《W》

Wi-Fi モジュール	37
Win 10 and newer,64 bits	25
WindowsOS	24,42

五十音順

《あ》

あ	アクセスを許可する	29,45
	圧着工具	15,19
	圧着端子	19
	アップデート	60
	アップロード	62
	アップロードモード	47
	アップロードモード OFF	48,51,59,141
	アップロードモード ON	51,62,141
	安全	11,22
い	一度だけ実行する回路	117
	インストールファイル	26
	インストールを実行	27
	インストール完了	44
	インストール先フォルダ	28
う	ウェイトタイマーブロック	58
え	エディターのクイックサジェスト	36
	柄の太さ	13
お	オートコンプリート機能	36
	オートレンジタイプ	20
	押しボタン	68,72
	オス-オスジャンパ線	91,91
	大人の同伴	21
	オンラインプログラミングモード	48

《か》

か	角棒	71
	火災事故	21
	カシメ	9,15,19
	カテゴリエリア	50
き	機能選択タブ	50
	機能ブロック	40
	基本設定画面	36
	切り傷	21

142

索引 《さ》〜《わ》

く	繰り返し実行する回路 ……………	118
	繰り返し制御ブロック …………	57
け	ケガ …………………………	11,17,20
	結束バンド ………………………	70,86
こ	工具 ………………………………	8
	工具を使うときの注意事項 ………	20
	互換機セット ……………………	37

《さ》

さ	最低限そろえておきたい工具 …………	13
し	自動プログラムコード生成機能 ………	47
	じゃんけん装置 ………………	9,66,82
	ジャンパーワイヤ ………………	85
	出力 ……………………………	110
	小学生向けの工具選び …………	11
	使用するネットワークを選択 ……	29
	使用ユーザーを選択 ……………	27
	信号機 …………………	83,93,107
	信号機の点灯モード ……………	109
す	ずっとブロック …………………	57
	ステージエリア …………………	50
	スナップケーブル ………………	91
	スプライトタブ …………………	50
	すべてのユーザー用にインストールする …	27
	すべての接続可能なデバイスを表示する …	59
せ	精密ドライバ ……………………	16,86
	絶縁テープ ………………………	69
	宣言文 …………………………	116
そ	ソケット …………………………	21,74
	ソフトウェアのダウンロード ………	42

《た》

つ	追加ボタン ………………………	53
	突き刺し …………………………	21
て	抵抗 ………………………	14,95,96
	デジタルピン出力ブロック ………	58
	テスタ ……………………………	19
	テスタの便利な使い方 ……………	19
	デバイスを選択する ……………	53
	デバイス接続 ……………………	50
	デバイス選択タブ ………………	50
	デュポンワイヤ …………………	86,92
	電気配線 …………………………	67,85
	電源 ……………………………	110
	電工ペンチ ………………………	15,19
	電線の被覆剥き …………………	15
	電池ボックス ……………………	68
	電動ドリル ………………………	69
	点滅プログラムの作成 ……………	55
と	動作に問題があった場合 …………	81
	動作を確認する …………………	63
	ドライバ …………………………	69
	ドライバセット …………………	13

《な》

に	ニッパ …………………	11,14,21
	ニッパーキャップ ………………	11
	入力予測機能 ……………………	36
の	ノコギリ …………………………	69

《は》

は	背景タブ …………………………	50
	配線 ………………………………	97
	配線部分 …………………………	68
	配線用電線 ………………………	69
	はじめて使う工具 ………………	12
	旗マーク …………………………	56
	発光ダイオード …………………	98
	ハンダ …………………………	15,69
	ハンダゴテ ………………	15,21,69
ひ	比較演算子 ………………………	120
	ビジュアルプログラミング …	37,38,40,48
	表示言語の日本語化 ……………	31
	ピンイベント ……………………	58
	ピン挿入 …………………………	21
ふ	ファームウェアの転送 ……………	60
	複数のログインユーザー …………	27
	プライベートネットワーク ……	29,45
	ブレッドボード …………………	89,95
	プログラム ………………………	36
	プログラムエリア ………………	50
	プログラムの基本構成 …………	112
	プログラム実行条件 ……………	56
	プログラム転送 …………	32,122
	プログラム転送モード …………	51
	ブロックエリア …………………	50
へ	ベニヤ板 …………………………	70
	変数 ………………………………	64
	変数のデータ型 …………………	119
	変数の初期化 ……………………	116
	ペンチ ……………………………	17
	便利な工具 ………………………	18
ほ	ボードを選択 ……………………	33
	歩道橋 ……………………………	93

《ま》

ま	マトリクスLED …………………	37

《や》

や	ヤケド ……………………………	15,21

《ら》

ら	ライセンス条件 …………………	27
	ラチェット式 ……………………	19
る	ループ処理 ………………………	109
れ	レゴブロック …………	20,85,86,93

《わ》

わ	ワイヤストリッパ ………………	18,70

143

[著者略歴]

せでぃあ

40代で2児の父。大学では電気工学を専攻。
子どもと一緒に電子工作を作るために独学でArduinoプログラミングを学ぶ。
電験三種合格をきっかけに、プライム企業の生産技術部門に転職し
現在、生産設備の電気・機械設計に携わる二刀流エンジニアとして奮闘中。

本書の内容に関するご質問は、
①返信用の切手を同封した手紙
②往復はがき
③E-mail　editors@kohgakusha.co.jp
のいずれかで、工学社編集部あてにお願いします。
なお、電話によるお問い合わせはご遠慮ください。

サポートページは下記にあります。

[工学社サイト]
http://www.kohgakusha.co.jp/

I/O BOOKS

現役お父さんエンジニアが教える！小中学生と作る電子工作

2024年12月25日　初版発行　　　©2024		著　者	せでぃあ
2025年 7 月 5 日　第1版第2刷発行		発行人	星　正明
		発行所	株式会社工学社
		〒160-0011	東京都新宿区若葉1-6-2 あかつきビル201
		電話	(03) 5269-2041 (代) [営業]
			(03) 5269-6041 (代) [編集]
※定価はカバーに表示してあります。		振替口座	00150-6-22510

印刷:(株)エーヴィスシステムズ　　　　　　　　　　　　　　　　　ISBN978-4-7775-2287-3